\手を動かしながら学ぶ/
ビジネスに活かす
データマイニング

尾崎 隆

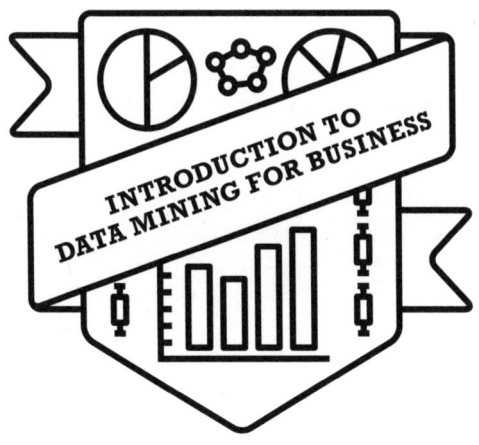

技術評論社

●ご注意

　本書に記載された内容は、情報の提供のみを目的としています。したがって、本書を用いた運用は、必ずお客様自身の責任と判断によって行ってください。これらの情報の運用の結果について、技術評論社および著者はいかなる責任も負いかねます。あらかじめご了承ください。

　本書記載の情報は、2014年7月現在のものを掲載していますので、ご利用時には、変更されている場合もあります。
　また、ソフトウェアに関する記述は、特に断わりのないかぎり、2014年7月現在での最新バージョンをもとにしています。ソフトウェアはバージョンアップされる場合があり、環境や時期により本書での説明とは機能内容や画面図などが異なる可能性があります。

　本書は、著作権上の保護を受けています。本書の一部あるいは全部について、いかなる方法においても無断で複写、複製することは禁じられています。

　本文中に記載されている製品の名称は、すべて関係各社の商標または登録商標です。

はじめに

　本書は、筆者の個人ブログ『銀座で働くデータサイエンティストのブログ』ではてなブックマーク1000以上を獲得した人気記事、「Webデータ分析＆データサイエンスで役立つ統計学・機械学習系の分析手法10選」(http://tjo.hatenablog.com/entry/2013/06/10/190508) をベースに、単行本として全面的に書き下ろしたものです。

　このブログ記事は、元はといえば私自身向けの備忘録も兼ねて「あれー、あの統計学or機械学習の手法ってRでどうやってやるんだったっけ？」という程度のメモとしてざっくりとまとめただけだったのですが、思いの外反響が大きくてびっくりしたのを覚えています。

　私自身は今でこそデータ分析を生業としておりますが、かつては異なる分野の研究者としてデータ分析を実践する立場にはあったとはいえ、統計学や機械学習といったデータ分析の根幹をなす学術分野のエキスパートだったわけではありません。

　それどころか、今現在盛んに用いられている分析手法の中には、私が若かりし情報系の学生だった頃にはまだ実用化していなかったものもあったり……そうなると、もはや復習するどころかゼロから学ばなければならないものだらけということに。まさに三十路半ばからの手習いということで、データ分析の仕事を始めてからは地道にサンプルデータやチュートリアルをRで扱ったり実践したりすることで、徐々にビジネスにおけるデータ分析と、統計学・機械学習とに慣れ親しんでいったのでした。

いま本書を手にとってこのまえがきをお読みになっている皆さんの中には、データ分析はともかく、統計学や機械学習なんてちんぷんかんぷんという方もいらっしゃることでしょう。そのような方々のために、「Rを使って手を動かせば、こんなに簡単にデータ分析も、統計学も、機械学習も使いこなせるようになりますよ！」と伝えたい。そういう思いを込めて、本書を書き上げました。ぜひ、本書を読みながら、Rを使って手を動かすことで、少しずつでも良いので着実に統計学と機械学習について学び取っていただければと願っております。

　一方で、本書はまだまだ勉強中の身である私が「通過点」として書いたものにすぎません。実際、本書の執筆に当たって私自身新たに学び直したことも多々ありました。それゆえ、本書の中には私の誤った理解や認識に基づく記述や内容もあることでしょう。そのような箇所に気付かれた際は、ぜひご遠慮なくご一報くだされば幸いです。

　先述のブログ記事をぜひ書籍にしてみませんか？　というお誘いを、技術評論社の周藤瞳美さんと傳智之さんからいただいたのは、2013年秋のことでした。そのときのお二方のご提案と、その後のご尽力がなければ、本書が世に出ることはなかったことでしょう。特に担当編集の周藤さんにはまさに痒いところに手が届かんばかりにお世話になり、ご迷惑をおかけすることもしばしばでした。本当に有難うございました。

　そして最後に、深夜や週末を本書の執筆に充てても嫌な顔ひとつせず協力してくれた妻、直子への感謝を表したいと思います。

2014年7月吉日

尾崎　隆

ビジネスに活かす データマイニング　目次

はじめに ……………………………………………………………………… 3

第1章　データマイニングとは　　9

- **1-1** データマイニングって一体何？ …………………………………… 10
- **1-2** データマイニングの両輪：統計学と機械学習 …………………… 12
- **1-3** これだけは覚えておきたい基礎知識 ……………………………… 13
  - 1.3.1　データの「型」 ―数値型とカテゴリ型 ………………… 13
  - 1.3.2　代表値(平均値・中央値・最頻値)とヒストグラム ……… 14
  - 1.3.3　四分位点と箱ひげ図 ……………………………………… 18
  - 1.3.4　ばらつき(分散・標準偏差) ……………………………… 19
- **1-4** 大事なのは「イメージ」できるようになること ………………… 21
- **1-5** この本を読み進める上での注意点 ………………………………… 23

第2章　Rを使ってみよう　　25

- **2-1** Rとは ………………………………………………………………… 26
- **2-2** Rのインストール …………………………………………………… 27
- **2-3** RStudioのインストール …………………………………………… 30
- **2-4** Rでデータ操作をしてみよう ……………………………………… 34
  - 2.4.1　R上で扱えるデータ形式を知る …………………………… 34
  - 2.4.2　Rのデータ型を知る ………………………………………… 38
  - 2.4.3　Rでデータを入出力してみる ……………………………… 39
  - 2.4.4　Rでデータを操作してみる ………………………………… 40
- **2-5** CRANパッケージを使ってみよう ………………………………… 44
- **2-6** Rによるコーディングについて …………………………………… 46
- **2-7** formula式を覚えよう ……………………………………………… 48
- [コラム] サンプルデータのダウンロードについて ………………………… 50

第3章　その2つのデータ、本当に差があるの？ ～仮説検定～　　51

- **3-1** それが偶然に起きたことか必然的に生じたことかを
  判定する＝仮説検定と有意確率 …………………………………… 52
  - 3.1.1　仮説検定とは ………………………………………………… 52

3.1.2 有意確率とは ……… 55
3-2 t検定：いわゆる「有意差」を見つける代表的なメソッド ……… 56
3.2.1 睡眠薬の効果を「どれくらい睡眠時間を延ばしたか？」で比べてみる ……… 56
3.2.2 データベース基盤システムのパフォーマンスを比べてみる ……… 58
3-3 独立性の検定（カイ二乗検定）：施策の効果があったかどうかを見る ……… 61
3.3.1 予防接種の効果があったかどうかを調べてみる ……… 62
3.3.2 A／Bテストのデータで実践してみる ……… 64
3-4 順位和検定：分布同士の「ずれ」を見る ……… 67
3.4.1 3-1節の売り上げデータで試してみる ……… 68
3.4.2 外れ値のあるデータで試してみる ……… 69

第4章 ビールの生産計画を立てよう ～重回帰分析～　71

4-1 ある「目的となるデータ」をさまざまな「独立な周辺データ」から「説明」したい＝回帰 ……… 72
4-2 重回帰分析＝複数の説明変数でひとつの目的変数を説明する ……… 75
4-3 重回帰分析をやってみよう ……… 77
4.3.1 オゾン濃度と気象データとの関係を調べてみよう ……… 78
4.3.2 ビールの売上高のデータで実践してみる ……… 81
4-4 「偏回帰係数」と「相関係数」の違いに注意 ……… 83
[コラム] どれくらいの個数のデータを集めれば良い？ ……… 86

第5章 自社サービス登録会員をグループ分けしてみよう ～クラスタリング～　87

5-1 「何かの基準に基づいて似たもの同士をまとめる」＝クラスタリング ……… 88
5-2 Rで利用できるクラスタリング手法たち ……… 91
5-3 eコマースサイトの顧客データでクラスタリングしてみよう ……… 93
5.3.1 階層的クラスタリングでやってみよう ……… 94
5.3.2 k-meansクラスタリングでやってみよう ……… 96
5.3.3 EMアルゴリズムでやってみよう ……… 97
5.3.4 3つの手法同士で比べてみる ……… 99

第6章 コンバージョン率を引き上げる要因はどこに？ ～ロジスティック回帰～　103

6-1 「一般化線形モデル」とは ……… 104

- **6-2** パーセンテージのように「上限と下限が決まっている」場合のロジスティック回帰 …… 104
- **6-3** テストの合否のように「Yes／No (1 or 0)の二値で現れる」場合のロジスティック回帰 …… 108
- **6-4** 実際にロジスティック回帰をやってみよう …… 111
  - **6.4.1** 通販サイトにおける商品購入率を
    キャンペーン商品の価格で説明してみよう …… 112
  - **6.4.2** 個々の顧客の購買データからどのキャンペーンページが
    効果的だったかを説明してみよう …… 115
- [コラム] データ分析の勉強会に参加してみませんか？ …… 118

第7章 どのキャンペーンページが効果的だったのか？ 〜決定木〜　119

- **7-1** 決定木から始める機械学習 …… 120
- **7-2** 「できるだけ外れているものをよけるように」
  分岐条件の順番を決めていく＝決定木 …… 121
- **7-3** 決定木を試してみよう …… 125
  - **7.3.1** どのキャンペーンページが効果的だったかを
    決定木で説明してみよう …… 126
  - **7.3.2** どのようなカテゴリの商品やキャンペーンが
    リピーター増につながるかを分析する …… 131
- **7-4** 決定木で回帰分析をすると「回帰木」になる …… 134
- [コラム] Rの次は何を勉強するべき？ …… 136

第8章 新規ユーザーの属性データから今後のアクティブユーザー数を予測しよう 〜SVM／ランダムフォレスト〜　137

- **8-1** 機械学習とはどういうもの？ …… 138
  - **8.1.1** 教師あり学習 …… 138
  - **8.1.2** 教師なし学習 …… 143
- **8-2** サポートベクターマシン(SVM)：
  「美しく」分類する機械学習の王様 …… 143
- **8-3** ランダムフォレスト：コンピューターの進歩が生み出した
  機械学習の若きスター …… 149
- **8-4** 新規ユーザーの属性データから、1ヶ月後の
  アクティブユーザー数を予測してみよう …… 152
  - **8.4.1** SVMで分類してみよう …… 154
  - **8.4.2** ランダムフォレストで分類してみよう …… 156
  - **8.4.3** 答え合わせをしてみよう …… 160

第9章 ECサイトの購入カテゴリデータから何が見える？
～アソシエーション分析～　163

9-1 「Xが起きればYも起きる」をモデリングする……164
9-2 ECサイトの購入カテゴリデータから、
おすすめカテゴリ導線のプランを考えてみよう……167
 9.2.1 アソシエーション分析を試してみよう……168
 9.2.2 得られた相関ルールをネットワークとして可視化してみよう……180
[コラム] レコメンデーション（推薦）システムとの関係……184

第10章 Rでさらに広がるデータマイニングの世界
～その他の分析メソッドについて～　185

10-1 分散分析……186
10-2 一般化線形モデルとその応用……189
10-3 主成分分析、因子分析とその発展形……193
10-4 機械学習のその他の手法と発展形……197
10-5 グラフ理論・ネットワーク分析……199
10-6 計量時系列分析……205
10-7 ベイジアンモデリング……210
10-8 その他の新旧メソッドたち……216

■参考文献……219
■関数・パッケージ一覧／索引……220

第 1 章

データマイニングとは

　ここ数年、急速に「ビッグデータ」「データサイエンティスト」という言葉が、TVや新聞はたまたWeb上の記事やFacebook・TwitterなどのSNSにあふれ返るようになりました。それと同時に以前の流行が復活する形で[*1]急速に広まるようになったのが、「データマイニング」という言葉です。

　では、データマイニングとはそもそも一体何なのでしょうか？　まずはそこを知るところから始めていきましょう。

[*1] かつて1997〜2000年代初頭ごろにデータマイニングがブームだった時期があります。

1-1 データマイニングって一体何？

データマイニング（Data mining）とは、字義通りにいえばデータを掘る（mine）ということです。イメージとしては**「データの山という鉱山から金を掘り出す」**といったところでしょうか。実際、英語圏ではそのような意味を込めて使われている言葉なのだそうです。

Wikipedia 英語版の"Data mining"の記事[*2]を見ると、データマイニングという言葉は1990年頃からデータベース（DB）業界で用いられるようになったと書かれています。英語圏では Knowledge Discovery（知識発見）という用語も使われており、その定義について例えばある文献[*3]はこう記しています。

"Knowledge discovery is the nontrivial extraction of implicit, previously unknown, and potentially useful information from data."
（知識発見とは、データの中に潜んでいる、まだ知られていない、そして潜在的に有用な情報を抽出してくる重要なプロセスである）

まさに字義通りで、データの中から何か大事なものを掘り出してくることを指しているわけです。ただデータを並べて眺めただけでは膨大な数字の羅列にしか見えないものを、さまざまなメソッドを用いて意味のある情報を引き出してくる……それをデータマイニングと呼びます。

例えばビジネスの現場でいえば、小売業において POS（Point Of Sales）システムに蓄積されたデータから「ビールとおむつ」のような消費者行動のルールを見出すとか、インターネット通販サイトにおいて DB に蓄積されたトランザクションデータから「青い購入ボタンより

[*2] http://en.wikipedia.org/wiki/Data_mining
[*3] W. J. Frawley, G. Piatetsky-Shapiro, C. J. Matheus. Knowledge Discovery in Databases：An Overview. AI Magazine, 1992.

もオレンジの購入ボタンの方がよりクリックされやすい」というようなユーザー行動のルールを見出す、というようなものがデータマイニングの良い例ですね。

かつては「数字に強い人」という言葉が日本にもありましたが[*4]、おそらくそういう人々は特別なデータマイニングを用いなくても長年の経験と優れた勘から重要な情報を数字の羅列の中から見出すことができたのでしょう。そのような特別な才能の持ち主でなくとも、データの山の中から重要な何かを掘り出せるようにするのが、データマイニングなのです。

なお、実はデータマイニングという言葉は基礎研究分野でも使われています。例えばデータマイニングの分野においてもACM（Association of Computing Machinery：米計算機械学会）の分科会であるSIGKDD（Special Interest Group on Knowledge Discovery and **Data mining**）がよく知られており、計算機科学の世界では最も権威ある国際会議のひとつとして知られる"KDD"を毎年主催しています。この国際会議には大学や公的研究機関の研究者だけでなく、多くの企業R＆D部門の研究者[*5]も多く参加しています。

KDDを初めとする国際会議や、関連分野の国際論文誌に掲載されたデータマイニング手法の中には、公開されるなり早々に有志の手で統計解析ツールやライブラリとして実装され、ビジネスにおけるデータ現場でも活用されるようになるものが少なくありません。

その意味では、基礎研究という意味でも、ビジネスという意味でも、いつでも世界の最先端に触れられるのがデータマイニングという分野だといっても過言ではないでしょう。

[*4] 「コンピューターつきブルドーザー」と称された故・田中角栄氏もそうであったと伝わりますね。

[*5] M社とかG社とかY社とかF社とか、とにかく名立たるグローバルIT企業のR＆D部門からも査読（審査）をくぐり抜けた研究成果が多く発表されています。もちろん日本の企業のR＆D部門による発表も少なくありません。

1-2 データマイニングの両輪：統計学と機械学習

　では、データマイニングというのはそもそもどういう方法論なんでしょうか？ 2001年に、ある文献[*6]はこのように述べています。

　"It is a new discipline, lying at the intersection of statistics, machine learning, data management and databases, pattern recognition, artificial intelligence, and other areas."
　（それは全くもって新しい体系で、統計学・機械学習・データ管理およびDB技術・パターン認識・人工知能などの領域が、互いに交わるところにある。）

　今でもこの定義は生きているといってよいでしょう。細かいことを書くと、「機械学習」が「パターン認識」と「人工知能」をほぼ吸収してしまい、データ管理やDB技術はITインフラ技術としてITエンジニアリングの一環として語られることの方が多いですね。
　ということで、「データマイニング」といえば現在では

- 統計学
- 機械学習

の2つを合わせた知識発見の枠組みのことを指すようです。実際、巷のデータマイニングに関する書籍やセミナーなどの大半はこの2つをメインに取り上げていて、2つともマスターすることが「データマイニングのエキスパート」になるための必須条件と見て良さそうです。
　本書では、この統計学と機械学習の2つを軸として「データマイニングをどのようにビジネスの現場のデータに対して実践していくか」を、

[*6] D. Hand, H. Mannila, P. Smyth. Principles of Data Mining. MIT Press, 2001.

Rによる実行例を交えながらわかりやすく解説していくことを目指しています。

1-3 これだけは覚えておきたい基礎知識

　統計学にせよ、機械学習にせよ、それ自体は普通の人が想像するより実際には難しくないものです。ただ、その知識があまりにも多岐にわたるため、なかなか簡単には覚えられず身に付きづらいものであることもまた事実です。

　そこで、どちらにも共通する基礎知識として、以下の概念をここで覚えておくことにしましょう。

1.3.1 | データの「型」―数値型とカテゴリ型

　統計学ではいろいろなデータの「型」を定義していますが[*7]、全て覚えるのは大変なのでここでは本書で必要な2タイプだけを挙げておくことにします。

1. 数値型

　「身長」とか、「体重」とか、「距離」とか、はたまた「絶対温度」などのように「何かと別の何かとを比べて〜だけ大きい（小さい）or 〜倍だけ大きい（小さい）」と比較の際にいえるようなデータは、数値型として扱われます[*8]。

[*7] 統計学の世界では『統計学入門』（東京大学教養学部統計学教室編、東京大学出版会）pp.27－28で挙げられている「名義尺度」「順序尺度」「間隔尺度」「比尺度」の4尺度分類がスタンダードですが、この辺の厳密な話は本書ではスキップします。

[*8] ここでは間隔尺度と比尺度を念頭に置いています。Rでnumeric型として扱うケースを想定しています。

おそらく、普通の人が考える「データ」といったらこの数値型データのことを指すことでしょう。ただし、数値型データは「厳密な測定が必要」「有効数字をきちんと決める」などの条件のもとでないと得られないので、必然的にセンサーなどで機械的に測定することが前提とされます。

2. カテゴリ型

「性別」とか、住所の「都道府県」とか、「職業」とか、はたまた「血液型」のような、あくまでも「何かと別の何かとを区別するための単なるラベル」を示すデータは、カテゴリ型として扱われます[*9]。

「文系or理系」もそうですし、エンジニアの種別として「サーバーサイドorフロントエンドorインフラ」のように分けるのも、やはりカテゴリ型データの例です。

数値型データに比べるといろいろな意味であいまいですが、裏を返せば人間が適当な感覚値で割り振っても構わないわけです。その意味では、データを得るのが容易で「より日常的なデータ型」といっても良いでしょう。

なお、上記の例のように生まれつきのものであったり、初めから備わっているものだけがカテゴリ型データとは限りません。例えばeコマースサイトにおいて「書籍を多く購入するカスタマーor雑貨を多く購入するカスタマー」のように分けるのも、立派なカテゴリ型データです。

実は統計学よりも、機械学習で重要になるケースが多いデータ型ともいえますが、詳しくは後の章で触れます。

1.3.2 | 代表値（平均値・中央値・最頻値）とヒストグラム

多くの人は何かしらのデータを代表する値というと「平均値」しか思いつかないかもしれませんが、平均値はデータのあるひとつの側面しか

[*9] ここでは名義尺度と順序尺度を念頭に置いています。Rでfactor型として扱うケースを想定しています。

反映しない指標です。

統計学においては、代表値と一口にいっても3通りあります。

1. 平均値[*10]
2. 中央値（メディアン）
3. 最頻値（モード）

「平均値」は、皆さんもよくご存知の平均（相加平均：総和を個数で割る）です。「中央値」は、データの中身を小さい方から大きい方に向かって順に並べていったときにちょうど真ん中（順位でいうと50%の位置に当たる）に来るものの値です[*11]。「最頻値」は、名前の通りでデータの中で最も頻繁に現れる値です。

これらの代表値を知るには、データがどう分布するかをわかりやすく可視化するのが最も直観的かつ手っ取り早いのですが、そのような場合に役立つのが**ヒストグラム**（度数分布表）です。これはデータの取りうる値をいくつかの**階級**に分け、それぞれの階級にいくつの値が含まれるか（**頻度**）をカウントし、表にした上でプロットしたものです。ちなみに、ヒストグラムは値の大小とその頻度だけを見るものなので、時系列での順番や値同士の関係性などは表せないので要注意。

例えば、理想的とされる「釣り鐘型」を描くデータ分布をヒストグラムにして表してみると、図1-1のようになります。

[*10] ここでは単純のため算術平均（相加平均）のみ取り上げます。幾何平均（相乗平均）や調和平均については、例えば『統計学入門』（東京大学教養学部統計学教室編、東京大学出版会）pp.31－32を読んでみてください。

[*11] 奇数個の場合は真ん中2つの平均を取ります。

第 1 章 — データマイニングとは

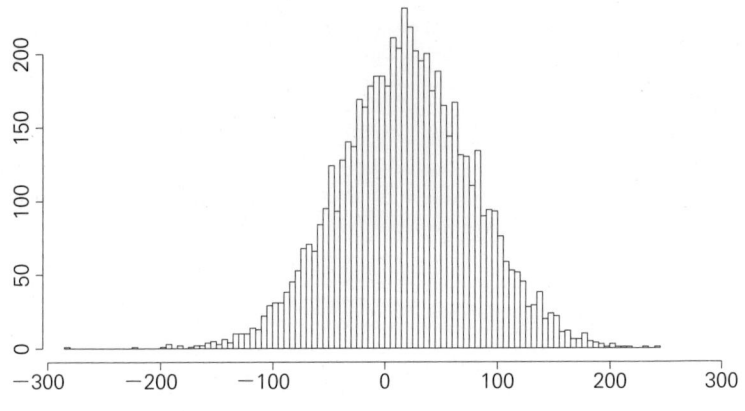

図 1-1 ● 釣り鐘型データ分布のヒストグラム

このようなデータの場合、3つの代表値はお互いにほぼ一致する値になります。

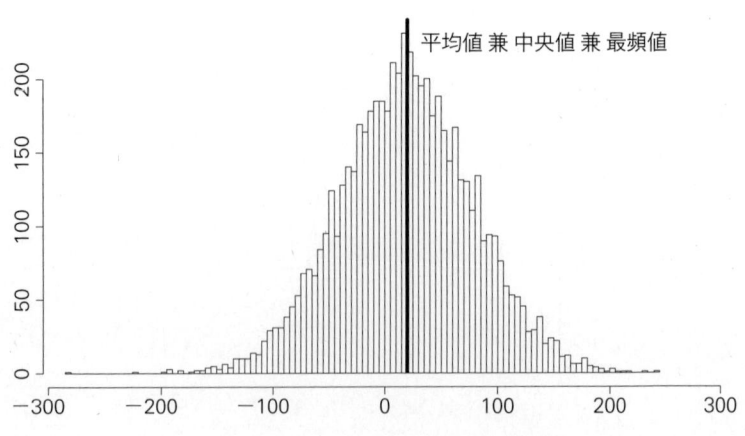

図 1-2 ● 図 1-1 の平均値、中央値、最頻値

では、図1-3のような分布のデータの場合はどうでしょうか？

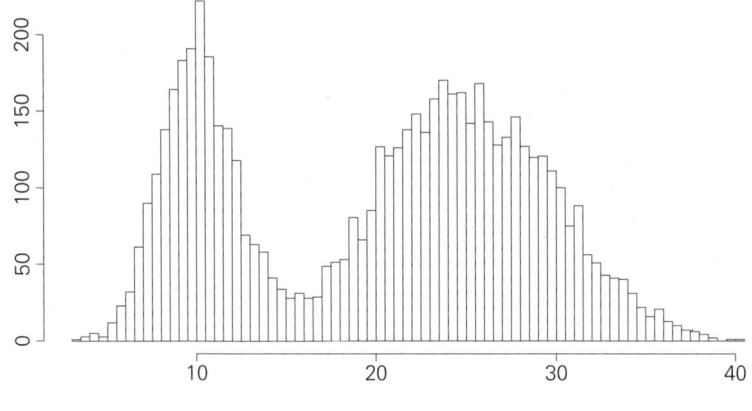

図1-3 ● 二峰性データ分布のヒストグラム

だいぶめちゃくちゃに見えますね（笑）。とはいえ、このようなデータはビジネスの現場では全く珍しくありません。そこでこのデータにおける3つの代表値を探してみると、図1-4のようになります。

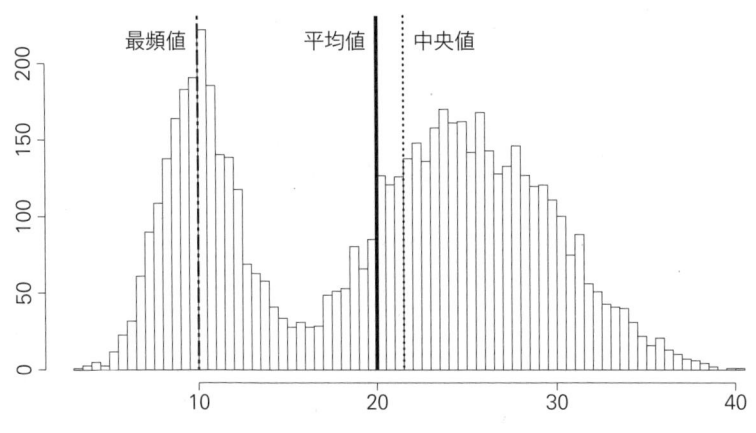

図1-4 ● 図1-3の平均値、中央値、最頻値

だいぶばらけてしまいました。特にこのような二峰性（もしくは多峰性）データの例では、平均値がデータの特徴を全く表していないことが見て取れます。データをまとめる際に、「何はともあれ平均を出せば良い」と考えるのは場合によっては大きな間違いになるかもしれない、というわけです。

1.3.3 | 四分位点と箱ひげ図

中央値についてはすでに触れた通りですが、実は同じようにデータの中での大小の順位に着目して特徴的な代表値を選ぶやり方があります。それが**四分位点**です。

何のこっちゃという感じですが、「中央値を第2四分位点（50%点）と呼ぶ」といえば皆さんピンとくるのではないでしょうか。そう、データの中での大小の順位のうち、25%・50%・75%に着目するということですね。これに則って、

- 最小値
- 第1四分位点（25%点）
- 中央値（第2四分位点＝50%点）
- 第3四分位点（75%点）
- 最大値

という5つの特徴的な代表値を選んできて、これらをわかりやすくプロットしてデータの特徴を観察するという方法が知られています。これを箱ひげ図（box plot）と呼びます。先ほどの二峰性データを箱ひげ図で表すと、図1-5のようになります。

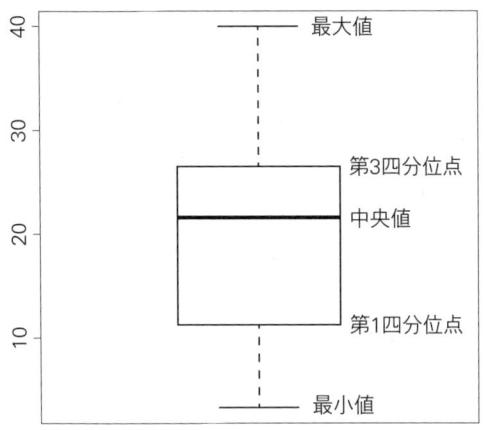

図 1-5 ● 二峰性データの箱ひげ図

　第1四分位点と第3四分位点とで囲まれた「箱」に、最小値と最大値を表す「ひげ」がついているのが、箱ひげ図と呼ばれる所以です。
　なお、一定の基準に従って**外れ値**をこの箱ひげ図に記入する方法[*12]も広く使われています。その場合、外れ値は最小値もしくは最大値のさらに外側に○や×で表されます。
　この箱ひげ図を見ると、データがどのような分布をしているかという雰囲気が読み取れるはずです。例えば今回のケースを見ると、中央値の位置が「箱」の中心からずれていて、何となくですが平均値と中央値が離れているらしいということが見て取れます。もっと歪んだ分布のデータであれば、さらに奇妙な形の箱ひげ図になります。

1.3.4 | ばらつき（分散・標準偏差）

　これまでヒストグラムや箱ひげ図を用いてデータ分布の「形」を見て

[*12] 箱ひげ図の発案者で、多変量解析の分野で大きく貢献したジョン・テューキー（1915－2000）の方法が広く用いられています。

きましたが、データ分布のもうひとつ重要なファクターとして「広がり」があります。これは平たくいえばデータの「ばらつき」に当たります。

便宜上、統計学では以下のようにばらつきの代表値としての**分散**（variance）σ^2 を計算するものと定められています。ただし、nはデータの個数、X_k（k = 1, 2, 3, …, n）はデータの個々の値、$\overline{X}$ は平均です。

$$\sigma^2 = \frac{1}{n-1}\{(X_1-\overline{X})^2 + (X_2-\overline{X})^2 + \cdots + (X_n-\overline{X})^2\}$$

すなわち「データの個々の値と平均値との差の二乗を足し合わせてn－1で割った値」が分散です。分母がnではなくn－1である理由はかなり難解な話になるので[*13]、ここではひとまず「このように分母を定めた方が統計学的にはいろいろ便利だから」と覚えておいてください。

この σ^2 の平方根の正の値が標準偏差（standard deviation）で、単にσ と表します。これらの計算式が用いられる理由として、のちのち統計学的に扱いやすいというポイントもあるので、覚えておいて損はないです。

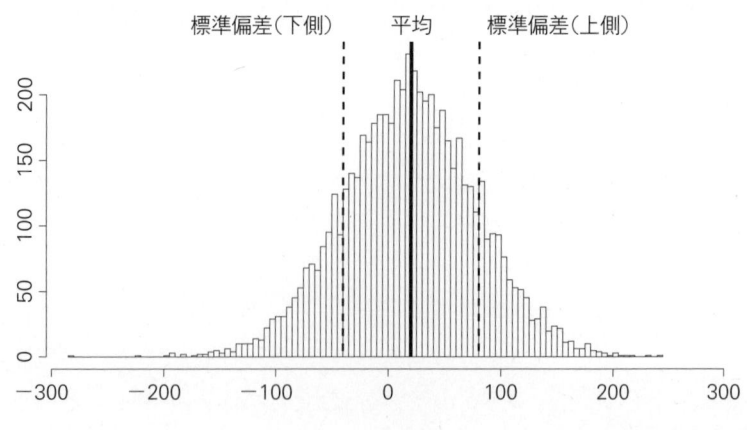

図 1-6 ● 標準偏差

[*13] これは不偏分散(unbiased variance)の概念で、簡単にいえばこのように分母を定めた方が母集団の分散に漸近的に一致するからです。詳細は例えば『統計学入門』（東京大学教養学部統計学教室編、東京大学出版会）pp.183－184を参照のこと。

ところで、この標準偏差を先ほどの釣り鐘型分布のデータの上に表示すると図1-6のようになります。

こんな感じで、実はそれほど分布の端っこにはいかないのです。俗に3σ[*14]と呼ばれるゾーンはこの図からも想像がつくように、かなり端っこの方に当たります。

1-4 大事なのは「イメージ」できるようになること

統計学にせよ、機械学習にせよ、その根底にさまざまな数理的アルゴリズムがある以上、「正しく」使おうとするとどうしてもものすごく難しいロジックやアルゴリズムを扱わなければいけません。

また、データそのものについての理解もなかなか難しいものです。世の中「数字に強い」人というのがいるもので、ただ数字の羅列を見ただけでたちどころにその意味を見出せたりするらしいですが、誰もがそんな超人めいた芸当ができるわけではありません。

そういったときに役立つのが、アルゴリズムにせよデータそのものにせよ「自分なりのイメージを持つ」「自分なりにイメージするメソッドを作っておく」というやり方です。

例えば、図1-7のようなデータがあったとき、皆さんはどんなことを考えますか？

もちろん、人によっていろいろなイメージの仕方があることでしょう。ですが、この章でこれまでに出てきた知識を用いてみれば、例えば図1-8のようにヒストグラムのイメージを思い浮かべてみる、ということができるんじゃないでしょうか。

[*14] 分布の極端に端側で滅多に起きない（いわゆる1000に3つ）ゾーンのこと。

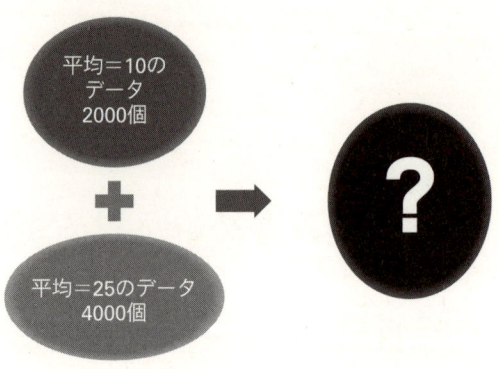

図1-7 ● 平均＝10のデータ2000個＋平均＝25のデータ4000個＝？

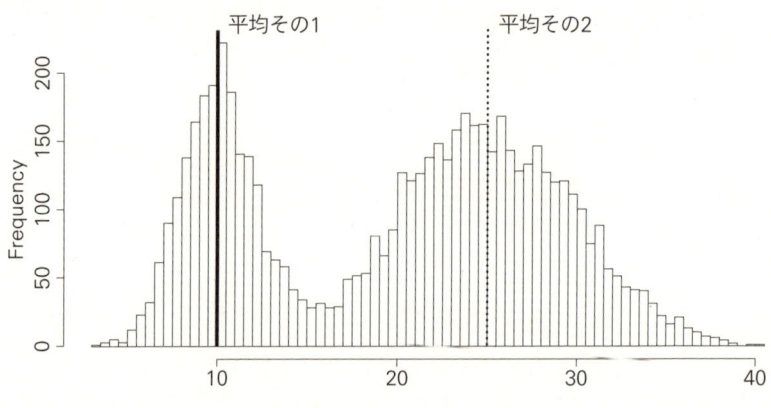

図1-8 ● 図1-7のヒストグラムのイメージ

　そう、これはこの章の前の方で出てきた二峰性のデータです。こんな感じのデータ構造なんだなぁとイメージできれば、必然的に次にどんな分析をすれば良いかピンと来るのではないでしょうか。
　「イメージ」のやり方はさまざまです。このようにヒストグラムを思い浮かべる人もいれば、散布図を思い浮かべる人もいます。中にはグラフ理論で用いられるネットワーク図を思い浮かべる人も……。ともあれ、

「自分なりのイメージの作り方」を持つことが、データマイニングの能力を身に付ける上で大切なのです。

1-5 この本を読み進める上での注意点

　次章から統計分析ツール「R」の使い方についての説明が始まりますが、まずはとにかくそれに沿って、実際に手を動かして計算し、プロットし、得られた結果を読み解くようにしてみてください。

　古い時代のIT教育でよくいわれていた「上達のための心得」として、「習うより壊せ」というものがあります。これはなかなか上手い言葉で、要はプログラミングやITシステム構築についてあれこれただ座学で習うだけでは何も身に付かないので、とにかく自分の手でコードを組んで実行したりシステムを構築して運用したりしてみるべきだ、ということですね。

　そこでバグが生じたり、障害が発生したり、といった不具合に対して悩みながら右往左往し、その都度調べ物をしたりコードやシステムの振る舞いを観察し続けることで、徐々に自分なりの理解が確立されていく……それこそが上達のための近道だ、というわけです。

　データマイニングにも全く同じことがいえます。統計学にせよ機械学習にせよ、その原理やアルゴリズムは手を休めてただ座学で習い続けるには難解なものが多過ぎます。百歩譲ってその全てを理解できるようになるまで学習し続けたとしても、満足のいくレベルに到達するにはかなり長大な時間がかかってしまうことでしょう。

　なので、統計学や機械学習の分析メソッドをつかみのところだけ覚えたら、とにかくまずは手持ちのデータに対してRのパッケージと関数をどんどん試していく！　壊す！　右往左往する！　という試行錯誤を繰り返していくうちに、皆さんなりの「理解」が出来上がっていくはずです。

実は、「機械学習」も内部ではそのように学習しているのです。同じことを、人間がやっていけないという理屈はありませんし、機械に負けている場合ではないです。どんどん試して、壊して、右往左往して、調べて、解決して、「学習」していきましょう。

第 2 章

Rを使ってみよう

　本書ではデータ分析のための統計分析・機械学習を行うツールとして、「R」を使います。Rそのものは非常に奥が深く、その全てを紹介しようとしたらとても紙面が足りませんので、本書ではあくまでも必要最低限のポイントだけを、簡潔に取り上げていきます。

第 2 章―Rを使ってみよう

2-1 Rとは

　Rは前身であるS言語[*1]をベースに1996年にニュージーランド・オークランド大学のRoss IhakaとRobert Clifford Gentlemanにより開発されたプログラミング言語とその開発実行環境です。現在では非営利団体であるThe R Foundation for Statistical Computing Platformによる支援のもと、R Development Core Teamがプロジェクトのメンテナンス・アップデートなどを一元的に管理しています。

　他の統計分析ツールと比較した場合のRの最大の特徴は、「完全に無償」で「オープン」であることでしょう。初めて登場したときから、RはGNU General Public Licenseのもとで配布されており、現在もR本体と関連パッケージの全ては誰もが無償で入手できます。またこの無償かつオープンなライセンスのもと、Rパッケージの全てが世界中のボランティアの研究者・開発者によって開発され続けており[*2]、今や世界最先端の統計分析手法の多くが真っ先にRパッケージとして実装されるようになっています[*3]。このような情勢を受け、Rはますますデータ分析の世界における存在感を高め続けています。例えば、近年になってアメリカ食品医薬品局（FDA）は薬事申請・報告においてRを分析ツールとして使用するよう指定しています。今後もRのシェアはさらに拡大し続けると見て良いでしょう。

[*1] AT&Tベル研究所が開発したもので、こちらは有償。

[*2] Rパッケージの品質管理はCore Teamの責任のもとで行われており、現在では多くのパッケージが高い信頼性のもと利用されています。また無償ライセンスであるため、バグ報告制度なども一般に公開されており、不具合の修正が非常に早いのも特徴のひとつです。

[*3] このため、他の有償統計分析ツールの多くがRパッケージの開発・公開状況に従って後から同種の追加ライブラリを提供するという状態になっており、ますますRの優位性が拡大し続けています。その他Rに関する詳細は、Rプロジェクトのサイト（The R Project for Statistical Computing：http://www.r-project.org/）およびhttp://ja.wikipedia.org/wiki/R言語 を参照のこと。

ということで、Rの個々の機能の細かい使い方は後の章でおいおい取り上げていきますが、ここではひとまずRを使う環境のセットアップと、Rの操作方法を学んでいきましょう。

なお、読者の皆さんの利便を考えて、本書ではRに加えて統合開発環境（Integrated Development Environment：IDE／要するにクリックするだけでプログラミング言語ごとにいろいろな操作ができる便利ツール）であるRStudioもあわせて使います。このRStudioの操作方法も、Rと同時に覚えていきましょう。

ひとつだけ気を付けてもらいたいのが、Rとその関連アプリケーションに関する公式ドキュメントのほとんどが英語で書かれていること。これはもう、グローバル化著しい現代におけるオープンソース系のプログラミング言語・ツールの宿命なので、英語の勉強も兼ねると思って頑張って英語のまま読んでみてください。

ちなみに数少ない日本語公式ドキュメントとして、日本のRユーザー会によって運営されているRjpWiki[4]があります。また、Rの需要の高まりを受けてRの便利な使い方や演算テクニックに関する書籍が日本語でも多数出てきています。巻末の参考文献リストもぜひ参考にしてみてください。

2-2 Rのインストール

ということで、早速Rをインストールしてみましょう。インストール方法自体はWindows／Mac OS／Linuxとでそれほど変わりません。

まずはRプロジェクトのWebサイト（The R Project for Statistical Computing：http://www.r-project.org/）にアクセスしてください。

---

[4] http://www.okada.jp.org/RWiki/

第 2 章 —Rを使ってみよう

URLを直打ちするのが面倒な人は、"R programming"という検索ワードを検索エンジンに入力すれば、大抵の場合検索結果の一番上に出てきますのでそちらからアクセスしましょう。

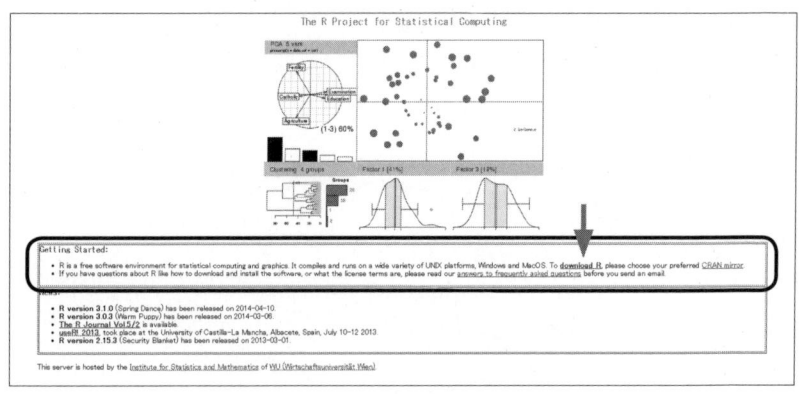

図 2-1 ● R プロジェクトのトップページ

Rプロジェクトのトップページの Getting Started（さぁ始めましょう）の中に、"download R"というリンクがあるはずです。そこをクリックしていくと、図2-2のような画面が出てきます。

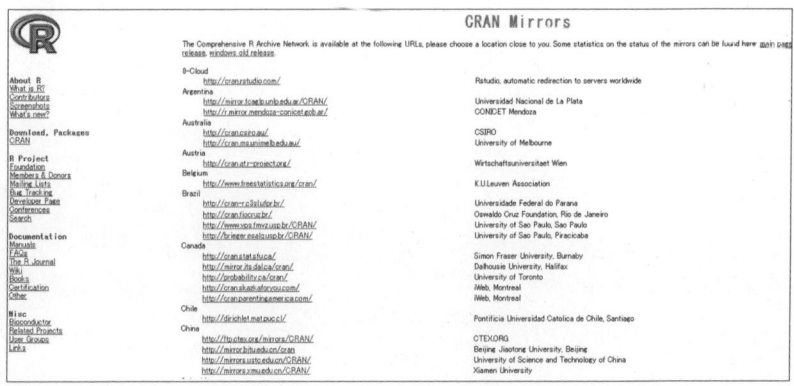

図 2-2 ● ミラーサイトのリスト

RはオープンソースプロジェクトなのでThe Comprehensive R Archive Network（CRAN）という名称のもと、趣旨に賛同するさまざまな大学・研究機関・団体・企業によるミラーサイトが多数運営されています。そのいずれかからダウンロードせよ、ということなのでどれでもお好きなサイトを選んでクリックしてください。なお、日本では兵庫教育大学、統計数理研究所、筑波大学がミラーサイトを開設・運営しています。

　いずれかのミラーサイトに進むと、図2-3のような画面が出てきます。

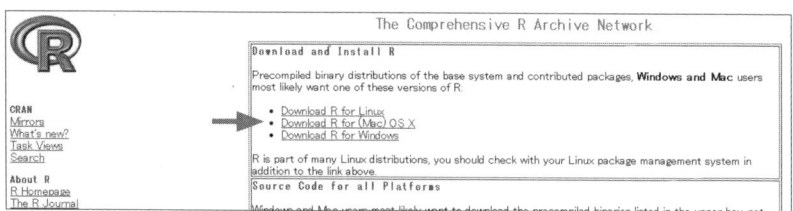

図2-3 ● ダウンロード画面へのリンク

　Windows版、Mac OS版、Linux版のそれぞれへのリンクがありますので、皆さんがお使いのOSに合わせて進んでください。ここでは例として、筆者のメイン環境であるWindows 7を想定して先に進んでみます[*5]。

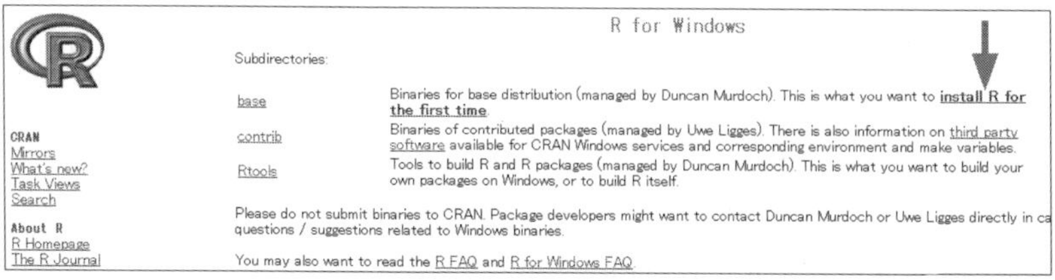

図2-4 ● ダウンロード画面

---

*5　なお筆者は他にMac OS X環境も利用しています。

第 2 章 — Rを使ってみよう

特に変わったことをするのでもなければ、Rのコアパッケージである"base"をインストールすればOKなので、ここをクリックします。

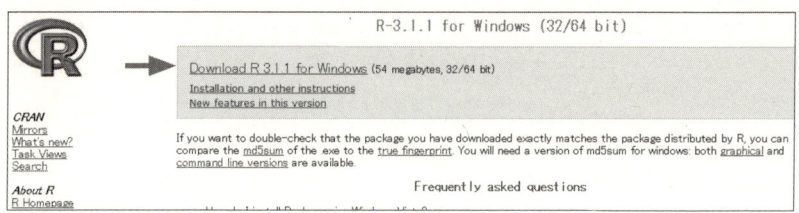

図2-5 ● インストーラーのダウンロード

"Download R 3.1.1 for Windows"（R3.1.1は、2014年7月時点でのRの最新バージョンです）というリンクをクリックすれば、Windows向けインストーラーがダウンロードされるので、これを実行しましょう。インストール中はデフォルトでチェックの入っている項目のままで全て「次へ」「OK」をクリックし続けていけば問題ないです。なお、64ビット版Windowsに対しては32ビット版／64ビット版双方のRがインストールされる仕様になっています。

これで、R本体がインストールされました。次のステップでは、Rを使いやすくしていきます。

2-3　RStudioのインストール

現在世の中で使われているPCソフトウェアの多くはグラフィカル・ユーザー・インタフェース（Graphical User Interface：GUI）であり、一般にはマウスでクリックするだけで大抵のことができるように設計されています。

一方、Rはいわゆるコマンドライン・ユーザー・インタフェース（Command

line User Interface: CUI）*6 なので、基本的には何もかもコマンドプロンプトの後にコマンドを手で打っていく形でなければ何もできません。これはITエンジニアなどであれば苦にならないでしょうが、普段プログラミングをやらないような人たちには使いにくいかもしれません。

そこで、R向け統合開発環境であるRStudioをあわせて利用して、クリックするだけでRのさまざまな機能を便利に使いこなせるようにしましょう。

まず、RStudioのダウンロードサイト（http://www.rstudio.com/products/rstudio）にアクセスします。検索でたどりつきたい場合は"RStudio"と大文字小文字間違えずに入力すれば検索結果の一番上にRStudioのサイトが出てくるはずですので、トップページ右上の「Products」から「RStudio」をクリックします。すると、図2-6のような画面にたどりつきます。

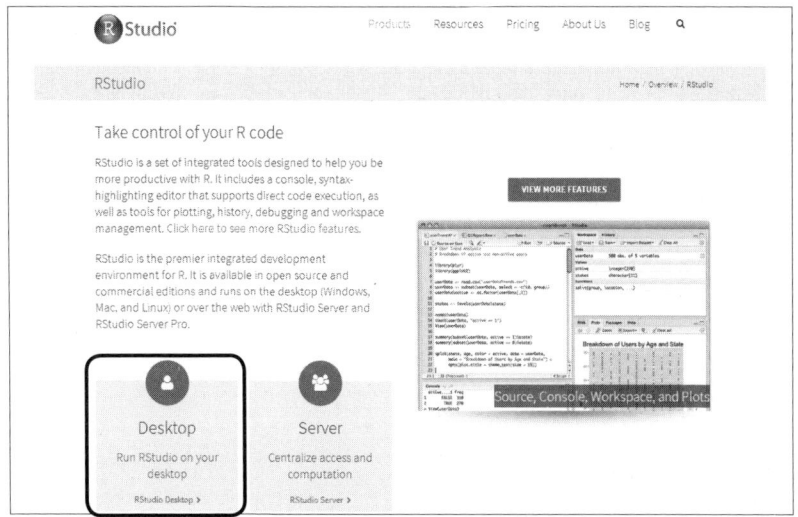

図 2-6 ● RStudio のダウンロードサイト

---

*6 Windowsであればコマンドプロンプト or PowerShell、Macであればxterm、Linux／UNIXであればターミナル画面で、さまざまなファイル操作や計算などを行うのと同じスタイルのインタフェース。

本書では、ごく一般的な、個々のPCにインストールするケースを想定していますので、左のボタンをクリックします。

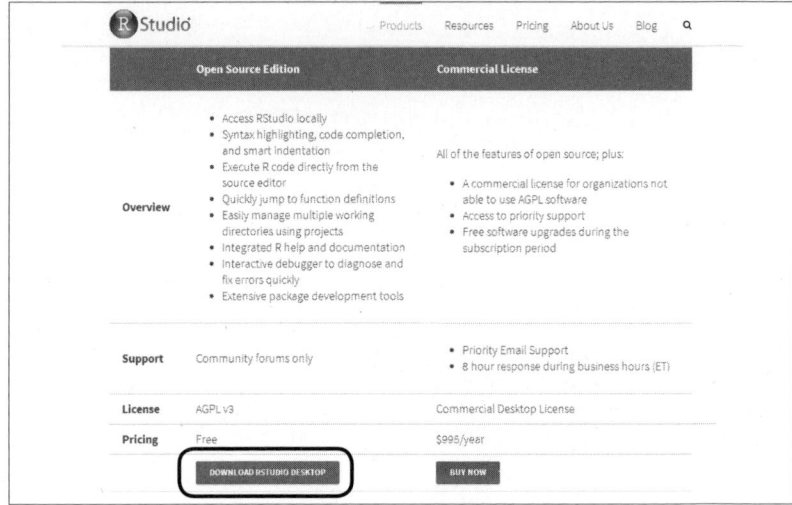

図 2-7 ● RStudio のダウンロード画面

ここでは左側の「DOWNLOAD RSTUDIO DESKTOP」をクリックします。

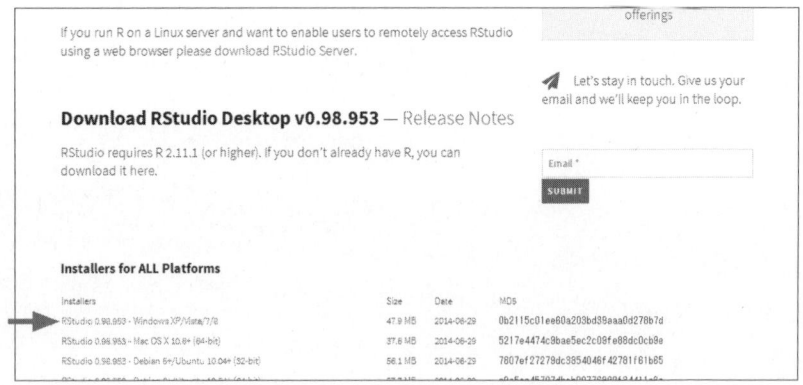

図 2-8 ● インストーラーのダウンロード

皆さんが使っているOSを自動的に認識して、最も適したインストーラーが一番上に表示されているはずなので、これをクリックしてダウンロードします。これまたデフォルトの設定通りに「次へ」「OK」をクリックしていけばすんなりインストールできるはずです。

全て終了したら、RStudioを起動してみましょう。RStudioは毎回Rのセッションを呼び出すので、別にRを起動する必要はありません。RStudioだけ起動すればOKです。

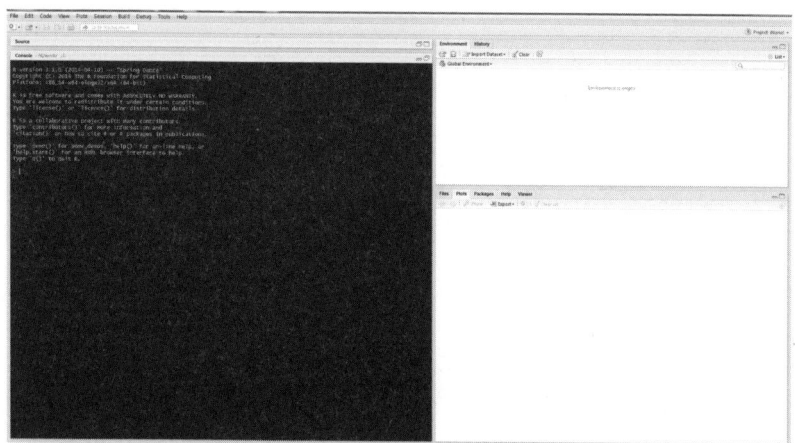

図2-9 ● RStudioの起動画面

このような画面が出てくればOKです。では、これから具体的なR（とRStudio）の使い方を見ていきましょう。

2-4 Rでデータ操作をしてみよう

　Rは統計分析・機械学習でデータを扱うという機能に特化したツールであり、そのためそれらの計算に最適な方法でデータをメモリに保持し、またデータを操作できるように設計されています。

　そこで、Rにおけるデータ操作について、簡単なRでのコード入力例を見ながら説明していきます。もっと細かい使い方や文中で用いられているさまざまな関数の詳細については本書のこれ以降の章や、巻末に挙げている参考文献を読んでみてください。

2.4.1 ｜ R上で扱えるデータ形式を知る

　データマイニングの計算を行う際、Rはメモリ上にさまざまな形式でデータを保持します。統計分析にせよ、機械学習にせよ、必要なデータをかたまりとして保持しておかなければ計算はできません[*7]。

　実際にはもっと多くの種類に分かれますが、本書で頻出するデータ形式3つをここでは挙げておきます。

1. ベクトル

　1次元方向に値が並んでいるだけのデータ形式です。Rでは以下のように表せます。なお、他のプログラミング言語と違いRでは"<-"で代入操作を表します[*8]。

```
> x<-c(1,5,3,2,4)   # c関数でデータを直接入力できる
> x
```

[*7] もちろんその他のプログラミング言語やアルゴリズムではメモリ上に保持せず、いわゆる「オンライン処理」で演算していくものもあります。

[*8] 最新バージョンでは"="にも対応していますが、慣例的に"<-"を推奨する人が多いようです。

```
[1] 1 5 3 2 4
```

```
> is.vector(x)   # ベクトルかどうかを問い合わせる関数
```

```
[1] TRUE    # ベクトルだ（TRUE＝「真」）という結果
```

　このとき、RStudio右上のEnvironment（RStudio v0.97まではWork space）というパネルを見ると図2-10のように表示されているはずです。

図 2-10 ● データ入力後の Environment パネル

　「xはnumeric（num）型でサイズは5、中身は１５３２４」という意味の表示が出ています。それぞれの意味についてはおいおいふれていきます。

2. マトリクス

　要するに行列で、2次元方向に値が並んでいるデータ形式です。Rでは次のように表せます。

```
> y<-matrix(c(3,5,4,2,6,8,7,9,1),ncol=3)
# matrix関数ではcで値全て、ncolで列の数を指定することで行列が作れる
> y
```

```
     [,1]   [,2]   [,3]
[1,]  3      2      7
[2,]  5      6      9
[3,]  4      8      1
```

```
> is.matrix(y)   # マトリクスか否か
```

```
[1] TRUE
```

　RStudioのEnvironmentパネルを見ると、"num [1:3, 1:3] 3 5 4 2 6 8 7 9 1"と表示されているはずです。「3行×3列のnumericのマトリクス」ということですね。

3. データフレーム

　Rの中で最も特徴的なデータ形式です。これは列ごとに異なる型のデータを並べ、行ごとに個々のサンプル（観測値）を並べたもので、2次元に値が並ぶ点では一見マトリクスと似ていますが実際には「異なる列データの集合体」と見た方が良いでしょう。この方が、特に実験・調査データなど統計分析・機械学習に適したデータ形式になるので、Rでは非常に広く利用されています。

　そのデータフレームですが、例えばRでは以下のように表せます。

```
# 例として4人の男女の基礎データを入れてみる
> sex<-c("F","M","M","F")   # 性別
> age<-c(23,25,31,24)   # 年齢
> height<-c(155,173,180,160)   # 身長
> z<-data.frame(SEX=sex,AGE=age,HEIGHT=height)
# データフレームに変換する
```

```
> z
```

```
    SEX   AGE   HEIGHT
1    F    23     155
2    M    25     173
3    M    31     180
4    F    24     160
```

```
> is.data.frame(z)    # データフレームか否か
```

```
[1] TRUE
```

なお、同様にRStudioのEnvironmentパネルを見るとこのように表示されているはずです。

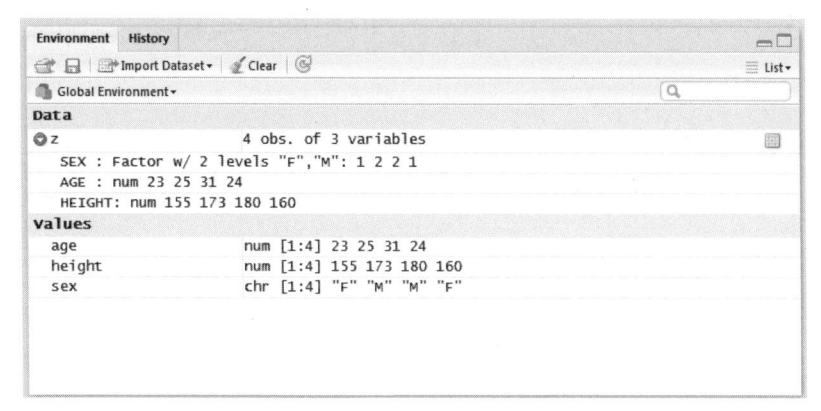

図 2-11 ● データフレーム入力後の Environment パネル

"4 obs. of 3 variables"（3変数に対して4個の観測値がある）という表示に加えて、その内訳が下に出ています。Rの関数はその大半がこのデータフレームを扱えるように設計されているので、どのようなデータでもまずはデータフレームに直すことを心がけると良いでしょう。

4. その他固有の形式

Rパッケージの関数の中には、複数のこまごまとした計算出力結果を「クラス」[*9]としてまとめて返すものが多数あります。それらの全てを取り上げるのは本書の範囲を超えてしまうので、詳しくは個々のパッケージのヘルプを参照してみて下さい。

2.4.2 | Rのデータ型を知る

第1章でデータマイニングにおけるデータの「型」について学びましたが、Rはデータを扱うに当たってこの「型」を非常に重視します。本書で扱う範囲で重要なのは、基本的には以下の2つのデータ型です。

- numeric型＝数値型
- factor型＝カテゴリ型

なお、Rはプログラミングの世界でいうところの「動的型付け」[*10]を採用しており、特に後の章で出てくる多変量解析系の関数の中には与えられたデータを見て自動的にnumeric型とfactor型とを判別するものもあります[*11]。

またRではデータのインポート時に自動的に最適と考えられるデータ型を割り当ててメモリに保持するようになっています。場合によっては、実際に適したデータ型にユーザーの皆さん自身が直す必要があります。

[*9] 正確には前身であるS言語の第3版、4版、5版のそれぞれで実装されているS3、S4、S5クラスというオブジェクト指向プログラミングのためのクラス。

[*10] 詳細については例えばhttp://ja.wikipedia.org/wiki/動的型付け　などを参照のこと。

[*11] 例えば第8章で取り上げるrandomForest(){randomForest}関数は、与えられたデータによって自動的に「分類」と「回帰」とを使い分けたり、そのどちらを適用するつもりかを問い合わせてきます。

2.4.3 | Rでデータを入出力してみる

　RStudioを用いる場合、テキスト形式やCSV形式であればデータの入出力は非常に容易です。右上のEnvironmentパネルの中に"Import Dataset"というメニューがあり、ここから読み込むことができます。

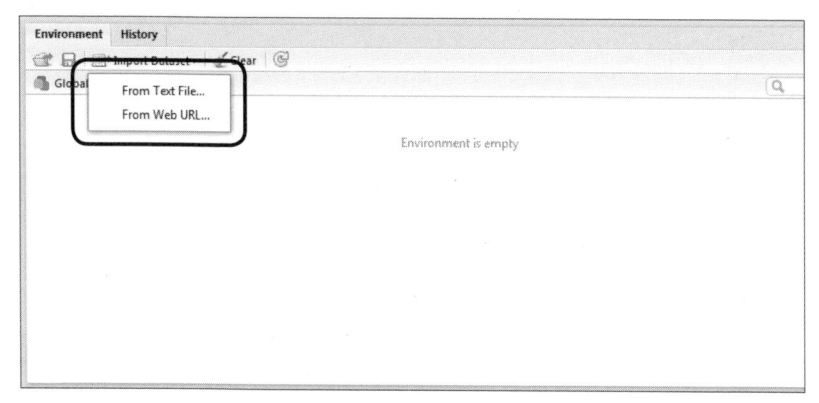

図 2-12 ● "Import Dataset" メニュー

　試しにこの後の第3章で用いるテストデータを読み込んでみましょう。［From Text file…］から"ch3_2_2.txt"を読み込みます（サンプルデータのダウンロードに関してはp.50を参照）。すると、図2-13のようなダイアログが表示されます。
　このダイアログでは読み込むデータにR上でどのような名前をつけるか（Name）、データフレームの列の名前にヘッダ情報を使うかどうか（Heading）、データの列を分けるセパレータは何か（Separator）、などなどを指定できます。

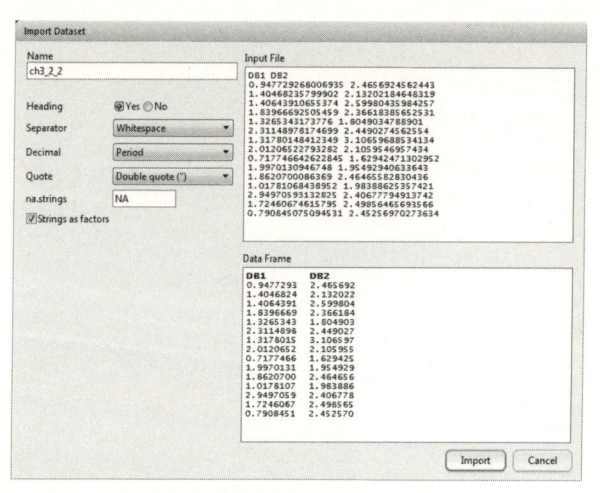

図 2-13 ● "Import Dataset" ダイアログ

　また、他のアプリケーションとデータをやり取りする場合はクリップボードからデータを読み込めると便利でしょう。Windowsでは以下の書式で実行できます。

```
> x<-read.table("clipboard", header=TRUE)
```

　その他read.table関数やwrite.table関数などを用いたデータの入出力方法がありますが、原則として本書では扱いませんので詳しくは巻末の参考文献などをご参照ください。

2.4.4 ｜ Rでデータを操作してみる

　Rでは極めて多くのデータ操作ができますが、本書では基本的に

1. データ「形式」を変える
2. データ「型」を変える
3. データの「行」や「列」を操作する

の3種類の操作だけを行います。ここではそれらの操作について説明します。

1. データ「形式」を変える

　もともとベクトル形式であったデータをリスト形式に改める、もしくはマトリクス形式であったデータをデータフレーム形式に改める、といった操作がこれに当たります。

　Rではas.○○○○○()という関数でこれが非常に簡単に実行できます。例えばベクトルxに対しては

```
> x1<-as.vector(x)
> x2<-as.list(x)
```

といった関数で、それぞれのデータ形式への変換ができます。また、例えばマトリクスyに対しては

```
> y1<-as.data.frame(y)
> y2<-as.matrix(y)
```

といった関数で、それぞれのデータ形式への変換ができます。

2. データ「型」を変える

　一般にはnumeric型とfactor型との間でデータ「型」を変換することが多いです。例えばただの0、1だけの数値型データであっても、これを"No"、"Yes"とみなせば立派なカテゴリ型のデータになります。そのような変換は、例えばベクトルxがあるとして以下のように行います。

```
> x1<-as.factor(x)
> x2<-as.numeric(x)
```

　この後の章に出てくる多変量解析の中には、このデータ「型」変換をしておかないとエラーになるものがあり、これらの変換はそのような場

合に役立ちます。

3. データの「行」や「列」を操作する

これは2次元に値が並ぶマトリクス＆データフレームにおいて重要なポイントです。例えば、2.4.1節に出てきたマトリクスyとデータフレームzを題材にとってみましょう。

```
> y[2,2]    # 行と列の番号を指定するとその値が取り出せる
```

```
[1] 6
```

```
> y[1,]    # 列番号を省略すると行番号で指定した行全部が取り出せる
```

```
[1] 3 2 7
```

```
> y[,1]    # 行番号を省略するとその列全部が取り出せる
```

```
[1] 3 5 4
```

```
> y[,1:2]    # ：（コロン）で行や列を連続して選べる
```

```
     [,1]    [,2]
[1,]  3       2
[2,]  5       6
[3,]  4       8
```

```
> y[,-1]    # -（ハイフンorマイナス）で特定の行や列を取り除いて選べる
```

```
          [,1]    [,2]
[1,]       2      7
[2,]       6      9
[3,]       8      1
```

列同士をつなげるにはcbind関数を、行同士をつなげるにはrbind関数をつなげます。cbindはマトリクスでもデータフレームでも使えますが、rbindはマトリクスでしか使えないので注意が必要です。rbindは特殊なケースでしか使わないことが大半なので、ここではcbindの使い方だけ挙げておきます。

```
> cbind(y[,1],y[,3])
```

```
          [,1]    [,2]
[1,]       3      7
[2,]       5      9
[3,]       4      1
```

```
> cbind(z$AGE,z$SEX)
```

```
          [,1]    [,2]
[1,]       23     1
[2,]       25     2
[3,]       31     2
[4,]       24     1
# 動的型付けによって性別の列が見かけ上numeric型に変換されている
```

このような操作によって、Rのさまざまな関数にデータを渡す前に最も適した形にデータを直しておくことができます。

2-5 CRANパッケージを使ってみよう

Rの最大の魅力は、その豊富なパッケージ群です。統計分析・機械学習はもちろんのこと、美麗なデータ可視化やデータベースとの連携、はたまた株式市場の株価データの取得といった多種多様な機能を、パッケージをインストールしてその関数を用いるだけで実現することができます。

R上でinstall.packages関数を用いてパッケージをインストールすることもできますが、RStudioでは、右下のパネルの"Packages"タブをクリックすることで簡単にパッケージを利用することができます。

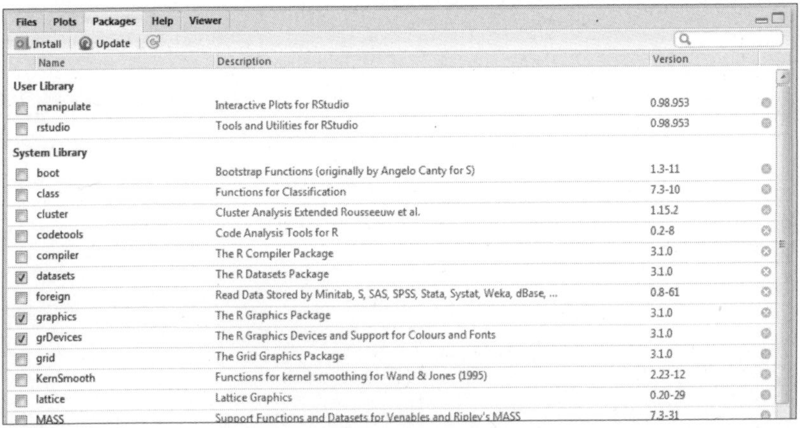

図 2-14 ● "Packages" タブ一覧画面

Packageタブの一覧にないパッケージは、CRANにインターネット接続してダウンロードしてくることでインストールできます。Packagesタブ左上の"Install"をクリックすると、ダイアログが出てきます。

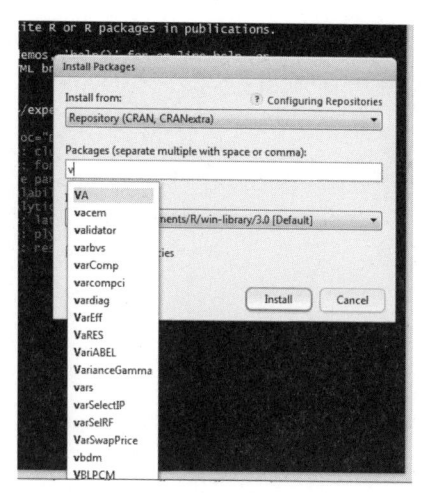

図 2-15 ● "Install Packages" ダイアログ

　ダイアログの"Packages"フォームには自動補完機能が備わっており、パッケージ名の先頭数文字を入力すれば候補となるパッケージを一覧で表示してくれます。後は"Install"ボタンをクリックするだけです。
　インストールしたパッケージは、上記のように"Packages"タブでラジオボックスをクリックしてONにするか、以下のようにコマンドを入力することで使えるようになります。

```
# "caret" パッケージを使う場合
> library("caret")
> require("caret")
```

　library、requireのどちらの関数でも大きな機能的な差はありませんが、libraryの方が推奨されるケースが多いようです（ただし、筆者は癖でrequireを多用しています）。なお、パッケージ同士で同じ名前の関数がある場合は後から読み込んだパッケージの関数がオーバーライドします。そのようなケースを避けたい場合は、不要なパッケージのラジオボックスをOFFにすればそのパッケージの読み込みを解除できます。

2-6 Rによるコーディングについて

　Rは正確には純粋なプログラミング言語ではなく、ドメイン特化型言語（Domain Specific Language：DSL）と呼ばれ、まとまったコードを書かなくてもコマンドライン上で関数や命令を入力しながら対話的に操作することでほとんどの機能が使えるようになっています[*12]。

　また、例えば他のプログラミング言語では常識とされるfor文・if文などの制御構造も、データフレームorマトリクスへの行or列単位での演算を行うapply関数群で簡単に代用することができます。このため、通常であればRでコードのスクリプトを書かなければならない場面はほとんどないといってかまいません。むしろ、for文やif文を使いたくなるケースではR独自の文法を使った方が計算スピードは遥かに速くなることが知られています。

　しかしながら、複雑なデータ操作を伴う制御構造を使ってどうしてもデータ処理しなければいけないケースももちろんあります。そのような場合のために、ここでは参考までにif文、for文、while文のRでのコードの書き方を簡単な例とともに紹介します。

● if文

```
> if (1==0) {
+     print(1)
+ } else if (2==0) {
+     print(2)
+ } else {
+     print(3)
+ }
```

[*12] ただしこの対話型のインタフェースが苦手というITエンジニアの人も多い模様。

```
[1] 3    # Rではコマンドが実行される前の改行は"+"で表される
```

・for文

```
> x<-0
> for (i in 1:10) {
+     x<-x+1
+ }
> print(x)
```

```
[1] 10
```

・while文

```
> x<-0
> while(x<10) {
+     x<-x+1
+ }
> print(x)
```

```
[1] 10
```

　パッと見ではCなどと同じように見えますが、Rは内部構造的にif文やfor文の実行が遅く、出来る限りapply関数などの直接ベクトルやマトリクスに一括して同じ処理を当てはめるようなR固有の処理系を用いるべきだとされます。実際、その方が計算スピードで優れることが広く知られています。
　なお、Rでは他のプログラミング言語と同様に各種関数の簡単なヘルプを次のようなコマンドで表示することができます。

```
# summary関数のヘルプを表示する
> ?summary
> help(summary)
```

RStudioでは右下のパネルの"Help"タグにその内容が表示されます。

2-7 formula式を覚えよう

　Rを用いたデータマイニングで最も大きな特徴のひとつとして「formula式」というものがあります。これは一言でいえば「データの目的変数[13]と説明変数[14]をシンプルに表現する」ためのR独自のフォーマットです。

　例えば、何らかの多変量解析を行いたい場合に、ワークスペースに表2-1のようなデータフレームがすでに入っているものとしましょう。

表 2-1 ● あるショッピングセンターの日別売上高データ

売上高 y	気温 x1	総来店客数 x2	特売品数 x3
1,508,380	22	2,313	15
1,432,345	25	1,703	12
1,654,370	24	2,589	16
…	…	…	…

　この場合、Rで多変量解析を行うための関数のほとんどで以下のようなフォーマットを用いて目的変数と説明変数を指定することが可能です。例えば売上高yを毎日の気温x1、毎日の総来店客数x2、毎日の特売品

---

[13] 後述しますが、例えば売上高など「何かで説明したい」値のこと。
[14] これも後述しますが、例えば毎日の気温など「何かを説明するために利用したい」値のこと。

数x3でモデリングしたい場合、

```
y~x1+x2+x3
# 全て明示的に表現する
y~.
# cbind(y,x1,x2,x3)などの形でデータフレームにまとめ、「全部乗せ」で表現する
```

と表記することでモデルに用いる変数を表現することができます。以下、formula式の使われ方の例をざっくり列挙しておきます。

```
> res.lm<-lm(y~.,d)
# lm関数による線形重回帰モデルの場合
> res.glm<-glm(y~.,d,family=poisson)
# glm関数による一般化線形モデルの場合
> res.rp<-rpart(y~.,d)
# rpart{mvpart}関数による決定木の場合
> res.qda<-qda(y~.,d)
# qda{MASS}関数によるフィッシャーの二次判別関数の場合
> res.svm<-svm(y~.,d)
# svm{e1071}関数によるサポートベクターマシンの場合
> res.rf<-randomForest(y~.,d)
# randomForest{randomForest}関数によるランダムフォレストの場合
```

　関数名が違うだけで、引数として与えている中身はどれもほぼ一緒です。このように、どの多変量解析アルゴリズムであっても、基本的には全く同じformula式を引数として与えるだけで非常に簡単に実行できます。

　これ以降の章で紹介するRの関数の大半でformula式によるモデル指定が使えるので、覚えておいて損はありません。ぜひ意識的に使ってみるようにしましょう。

> **Column　サンプルデータのダウンロードについて**
>
> 　本書では、サンプルデータを RStudio に読み込んで、実際に手を動かしながら学んでいきます。本書で用いるデータは、下記の技術評論社のサポートページからダウンロード可能です。
>
> http://gihyo.jp/book/2014/978-4-7741-6674-2/support
>
> お使いの PC の適当なフォルダに保存してお使いください。
> 　なお、各ファイルはテキスト形式になっていますので、RStudio の「Environment」パネルの「Import Dataset」→「From Text File…」から読み込んでください。

第 **3** 章

その2つのデータ、本当に差があるの？
〜仮説検定〜

　ビジネスの現場において、「AとBとでどちらが大きいか比べてみたい」「AとBとの間に違いがあるかどうか知りたい」というシチュエーションはものすごく多いもの。
　この章では、そんな問題に答えるための統計学の代表的なメソッドである「仮説検定」の考え方と、さらにRで手軽に実践する方法を取り上げます。

3-1 それが偶然に起きたことか必然的に生じたことかを判定する=仮説検定と有意確率

3.1.1 | 仮説検定とは

「仮説検定」は、統計学の代表的なロジックである「ばらつき」の考え方をもとにして、あることが「偶然に起きたこと」なのか、「必然的に生じたこと」なのかを、切り分けるメソッドです[*1]。「有意確率」はその切り分けた結果の信頼性をはかるための、ひとつの指標です。

例えば、「レストランであるメニューの売り上げアップのために、テーブルごとにおすすめのポップを置いた場合（施策A）と、特定の人気メニューとのセット販売で割引するようにした場合（施策B）とでどちらの方が売り上げ数がより高くなるか？」について調べてみたいと思ったとしましょう。この場合、単なる「事実」として「Aの場合の売り上げ」と「Bの場合の売り上げ」とを並べて比較する人が多いのではないでしょうか。図にしてみると図3-1のようなイメージでしょうか。

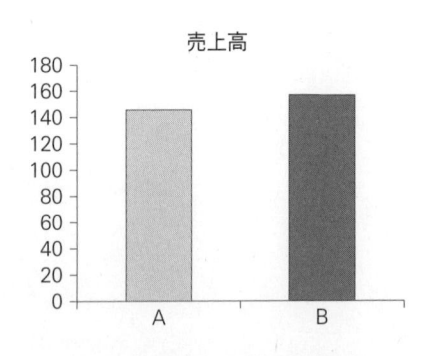

図 3-1 ● 施策ごとの売上高比較

[*1] 厳密にいえば、「ばらつく部分」と「ばらつかない部分」とをきちんと切り分けた上で、「ばらつく部分」に着目して比較するメソッドです。

そうですよね、売り上げというのは「結果」なので、普通に合計して棒グラフにして比べてみれば、Bの方が高いという結論になるのは当たり前なんです。でもちょっと待ってください。それって、これから先も（それこそ3カ月後6カ月後でも）成り立つことなんでしょうか。

例えば、その翌日のデータと合わせてみて、図3-2のようになったとしたらどうすればいいんでしょうか？

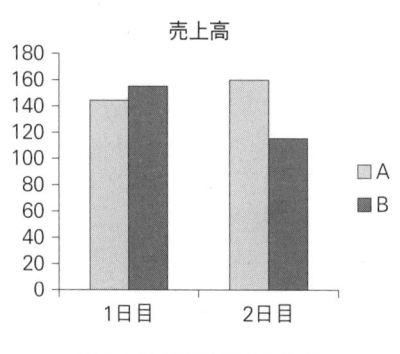

図3-2 ● 日別の売上高比較

前日はBの方が大きくて、今日はAの方が大きかった……では何の結論も出せません。これでは困ってしまいます。

そこで、こういうことを考えてみます。いろいろな偶然（その日の天候から果てはその日の人々の機嫌に至るまで）によって、どうしてもA・Bどちらの売り上げともある程度「ばらつく」ものだと仮定するのです。で、その「お互いのばらつきを超えてなおAとBとに差がある」としたら、どうでしょう？

仮に日付ごとにばらつきがあるとして、例えば30日分を並べてみて図3-3のような感じのグラフになったとしたらどう考えますか？

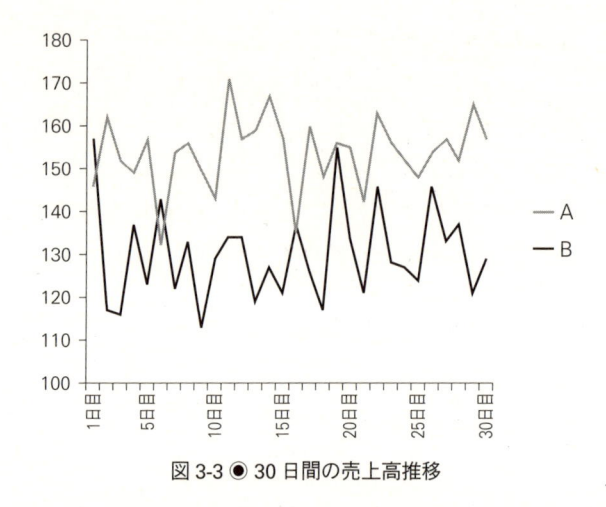

第 3 章―その2つのデータ、本当に差があるの？　〜仮説検定〜

図3-3 ● 30日間の売上高推移

　お互いにばらつきがあり、ある程度重なりはあるものの、Aの方が大きいらしいということが見て取れます。

　このように、「ばらつきの重なり具合（離れ具合）」を考慮した上で（例えば）お互いの大小を比べて判定するというメソッドを「**仮説検定**」と呼びます。なぜ「仮説」と呼ぶのかというと、「そもそもA・Bのばらつきがべったり重なっていて差がない」というベースライン（帰無仮説）[2]を設定し、このベースラインが成立しないと数理的に証明することで「A・Bのばらつきは十分に離れているはず」というアンチテーゼ（対立仮説）[3]の方が正しいと示す、というロジックを用いているからです[4]。

---

[2] 無に帰して欲しい仮説だから、「帰無」といわれているようです。

[3] 帰無仮説に対して、真であって欲しい仮説という意味です。

[4] 厳密にはこの帰無仮説＆対立仮説まわりのロジックは科学哲学の分野でも議論が続いているくらい非常に深いテーマなので、本書では深入りは避けます。厳密には、A・Bのばらつきの重なり具合をひとつのパラメータにまとめ、これが一定の水準を満たすかどうかを数理的に判定するものです。その先にはそれぞれのサンプルサイズに基づいて適切な自由度の計算をした上で、その自由度に従う確率分布を持ってきてそこで有意確率の計算を行うというプロセスが待っていますが、本書のレベルを超えるので割愛します。

3.1.2 | 有意確率とは

　そしてもうひとつ大事なのが「**有意確率**」。これを厳密な定義から書いていくとそれだけでひとつの本になってしまうくらい本来は難しい概念なのですが、厳密性を度外視してわかりやすく書くと「**対立仮説が全くの偶然から正しいと判定されてしまうヤバい確率**」のことです。もしこれが0.5（50%）とかだったら、全くの偶然で半分は正しいということになってしまいます。それって何だかウソっぽいですよね。

　でもこれが0.05（5%）とかだったら、全くの偶然から正しいということになる確率はたったの5%……つまりそれは「**必然**」だともいいかえられるわけです。

　そこで、統計学の世界ではひとつの慣習として「**有意確率が0.05（5%）を下回っていたら統計的に意味がある（有意）**」と判定することになっています。これはいろいろと歴史的な経緯で決まった数字なので絶対的に正しい！　といい切れるものではないのですが[*5]、それだけ伝統のある基準なので読者の皆さんはこれをそのまま使って問題ないでしょう。

　ここで紹介した「仮説検定」「有意確率」の考え方は、この後に続く全ての統計学的メソッドの基礎となる大事なものなので、今はよくわからなくても「そういうものなんだ～」といったん鵜呑みにしてしまいましょう。いずれ実際のデータを見ながらメソッドを実践していくうちに、だんだんと感覚的に理解できるようになっていくはずです。

[*5] $p<0.05$以外の基準（例えば$p<0.001$など）を使っても問題はありませんが、その場合は「ひとつのテーマ内で行う検定は全て同じ基準（つまり例でいえば$p<0.001$）に揃えなければならない」というルールがあります。

3-2 t検定：いわゆる「有意差」を見つける代表的なメソッド

俗に「統計学的検定」とか「有意差」という言葉が出てきたら、このt検定のことを指していることが多いですね[*6]。この本ではt検定の原理の詳細に踏み込むことは避け[*7]、そのイメージとRでの使い方にフォーカスして説明していきます。

なお、万能選手に見えるt検定ですが、実はデータのばらつきの分布についていろいろな前提条件[*8]が必要なメソッドだったりします。そのような**データの分布に前提条件がつくような仮説検定メソッド**を「**パラメトリック検定**」と呼びます。

3.2.1 睡眠薬の効果を「どれくらい睡眠時間を延ばしたか？」で比べてみる

まずはRのサンプルで試してみましょう。Rでt検定を行うにはt.test関数を用います。最初は計算の雰囲気を知るために、t.test関数のヘルプに出ている例を試してみましょう[*9]。

```
> t.test(extra ~ group, data = sleep, paired=T)
```

ここで使われているsleepというデータは、Rにデフォルトで収録されている「睡眠薬がどれくらい睡眠時間を増やしたか」を実験で調べた

[*6] Excelにも関数として実装されているので、Rを使い始める前から使ったことがあるという方もいらっしゃるかもしれません。

[*7] t統計量を用いる理由や、その根拠については、巻末の参考文献を適宜当たってみてください。

[*8] 基本的には「データのばらつき方が正規分布に従うこと」が主な前提条件で、さらに「お互いのデータのばらつき方（＝分散）が等しいこと」がその次の前提条件です。ただし2つ目の前提条件は満たされなくても迂回する方法があり、Rのt.test関数はこの辺をある程度自動的に判別して使い分けてくれます。

[*9] わかりやすくするために一部だけ改変しています。

というものです*10。グループ1と2とに分けて実験しているので、データもグループごとに分かれています*11。

で、その計算結果の出力を見ると、こんな感じになっているはずです。

```
        Paired t-test
data:  extra by group
t = -4.0621, df = 9, p-value = 0.002833
alternative hypothesis: true difference in means is not equal to 0
95 percent confidence interval:
 -2.4598858 -0.7001142
sample estimates:
mean of the differences
                  -1.58
```

いろいろ出力されていますが、p値（p-value）が0.002833、つまり0.05より小さいという結果になっています。これは「p＜0.05」（5％有意）という基準を満たしています。また、t値も表示されていますが、これは

| t＞0：1番目のデータ　＞　2番目のデータ |
| t＜0：1番目のデータ　＜　2番目のデータ |

ということを示しています。今回の場合は「グループ1＜グループ2」であったということを表しています。

よって、この出力結果は「統計的に有意に（睡眠薬の）グループ2の方がグループ1よりも睡眠時間を延ばす効果があった」と解釈できるというわけです。

＊10 H. Scheffe. The Analysis of Variance. Wiley, 1959. より抜粋（Rのヘルプによる）。ちなみに被験者は学生で、あくまでもプラセボ（偽薬）に比べてどれくらい睡眠時間が延びたかという延びしろを記録したデータだそうです。

＊11 Rのサンプルでは元のsleepというデータの構造に合わせてt.test関数に与える引数の書式を工夫してありますが、その説明はここでは割愛します。

3.2.2 データベース基盤システムの パフォーマンスを比べてみる

　もうひとつ別のオリジナルデータで実践してみましょう。この章のサンプルデータ"ch3_2_2.txt"をダウンロードして読み込んで下さい（p.39参照）。データ名は"d"としておきます。

　今回想定しているシチュエーションは、ある2つのデータベース基盤システム同士の動作パフォーマンスをレイテンシ（データ転送に要する時間）に基づいて比較する、というものです。データdの2つのカラムのうち、"DB1"が1番目のDB基盤システムのある動作のレイテンシ（ms）測定を15回繰り返して記録したもの、"DB2"が2番目のシステムのレイテンシを同様に記録したものです。

　ここで、いきなりt検定に入らないでまずは可視化してみることにします。用いるのはp.18-19で紹介した箱ひげ図というプロットのメソッドです。Rではboxplot関数を使うことで描画できます。

```
> boxplot(d)
```

とすると、DB1とDB2の各々の中央値とばらつきとが箱ひげ図の形でプロットされます。

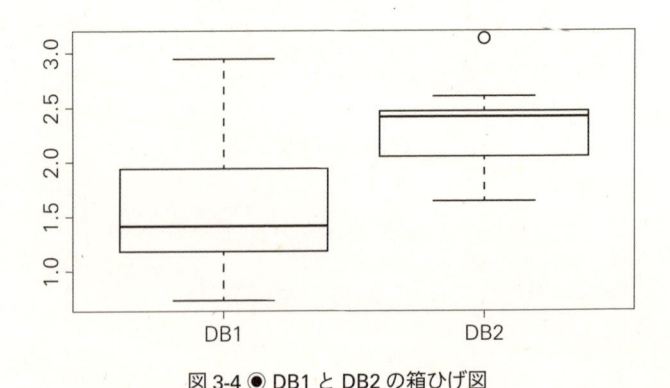

図 3-4 ● DB1 と DB2 の箱ひげ図

はっきりいってこの図だけでもかなりの情報量がありますが、それはt検定の結果を見てからまた振り返ることにしましょう。

では、t.test関数で実際に検定してみましょう。t.test関数にはいろいろな形式の引数を与えることができますが、最も基本的な文法を書いておきます（本書の範囲を超えるものは割愛してあります）。

```
> t.test(x, y = NULL)
#  x, y：1番目・2番目のデータをそれぞれ入れる
```

デフォルト設定で良ければこれしか与える引数のない[*12]、ものすごく単純な関数です。それでは実際のデータを与えてみましょう。

```
> attach(d)
> t.test(DB1,DB2)
```

```
        Welch Two Sample t-test

data:   DB1 and DB2
t = -3.9165, df = 22.914, p-value = 0.0006957
alternative hypothesis: true difference in means is not equal to 0
95 percent confidence interval:
 -1.0998402 -0.3394647
sample estimates:
mean of x mean of y
 1.575080  2.294733
```

[*12] formula記法でデータを与えることもできます。詳しくはRのヘルプを参照のこと。

p-value（p値）が0.0006957であるといっています。t値がマイナスで、かつp＜0.05なので、これは「有意にDB1の方がDB2よりもレイテンシが小さい（有意差がある）」という判定結果を示しています。

このように、「何回か繰り返し測定して記録した値AとBのどちらが大きいか」を知りたい場合に、t検定を使うものと覚えてください。

ところで、このt検定の結果は最初にプロットした箱ひげ図からもある程度占うことができます。

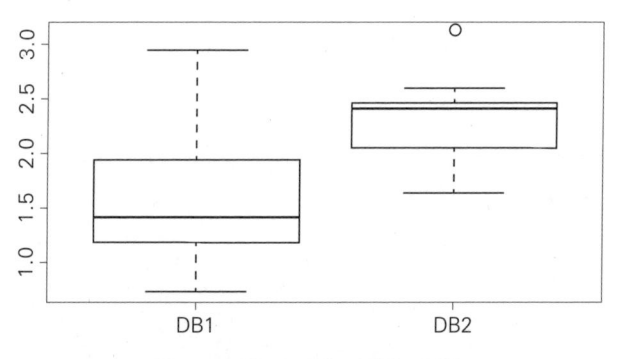

図3-5 ● 図3-4の箱ひげ図　再掲

最も簡単な見比べ方は、ズバリ「箱同士がどれくらい重なるか」。ほとんど重なっていなければ大抵の場合は有意差がありますし、お互いに大部分が重なっているようなら有意差がないことが多いです。

3-3 独立性の検定（カイ二乗検定）：施策の効果があったかどうかを見る

「AとBのどちらが大きいか」を知るにはt検定を行えば良いということはわかりました。では、「サイト訪問ユーザー中1000人500人がコンバージョン（購入決定や予約完了などのアクション）した」場合と、「4人中3人がコンバージョンした」場合とで、コンバージョン率が前者（50%）と後者（75%）とで違うかどうかを知りたい場合はどうでしょうか？

このケースでは、多分皆さんはあるひとつの問題にぶつかって頭を悩ませることになるんじゃないでしょうか。それは「分母が違ったらどうするの？」というポイント。往々にして○○率の類は、互いに比べたいと思っても分母が違うものなので、その分母の違いをどう考えたら良いか困ってしまうんですよね。

例えば上記のケースでは、確かにコンバージョン率は後者の方がずっと大きいです。でも、いくら何でもこの比較は、ちょっとおかしく感じますよね。すでにt検定のところでも触れた通り、物事には「ばらつき」があるはずで、その「ばらつき」がサイト訪問ユーザー1000人の場合と4人の場合とで同じとは普通は思えないはずです。このケースではコンバージョン率は「分母の大きさに由来するばらつき」に左右されると考えるのが妥当でしょう。

こういう、「分母の大きさに由来するばらつき」を扱うケースにぴったりのメソッドが「独立性の検定（カイ二乗検定）」です。Rではchisq.test関数で実行することができます。しかし、理論上の制約がありどちらか片方が1ケタしかないとうまく検定することができません。その場合は「フィッシャーの正確確率検定」という代わりの手法をfisher.test関数で実行する必要があります。

伝統的には、この手の問題は「2×2分割表」を用いるものとされています。つまり、統計学の教科書に載っている例[*13]でいうと表3-1の

ような、施策（行）×結果（列）という形の表です。基本的には、この形で表せるようなものであれば何でも独立性の検定を使って判定することができます。

表 3-1 ● 施策（行）×結果（列）の形をした表の例

	病気にかからなかった	病気にかかった
予防接種を受けた	1625	5
予防接種を受けなかった	1022	11

chisq.test関数では、この2×2分割表データをマトリクス形式で与えることで計算できるようにしています。

3.3.1 | 予防接種の効果があったかどうかを調べてみる

折角なので、上の教科書のサンプルデータで試してみましょう。

```
> x<-matrix(c(1625,5,1022,11), ncol=2)
# 2×2分割表をマトリクスで作る。ncolは列数を与えるための引数
> chisq.test(x)
```

```
    Pearson's Chi-squared test with Yates' continuity correction

data:  x
X-squared = 4.8817, df = 1, p-value = 0.02714
```

結果は$p < 0.05$を満たしているということで、「予防接種には効果があった」という判定になっています。

なお、参考までに全く同じデータに対してフィッシャーの正確確率検

[*13] 『自然科学の統計学』（東京大学教養学部統計学教室編、東京大学出版会）p.153表5.5より引用。実はこのデータに対するp値の計算方法は当初複数提案されていて、そのどれが正しいかをめぐって20年に渡って統計学者たちの間で論争が続いたのだとか。

独立性の検定（カイ二乗検定）：施策の効果があったかどうかを見る **3-3**

定をfisher.test関数で実行したときの例も載せておきます。

```
> x<-matrix(c(1625,5,1022,11),ncol=2)
> fisher.test(x)
```

```
	Fisher's Exact Test for Count Data

data:  x
p-value = 0.01885
alternative hypothesis: true odds ratio is not equal to 1
95 percent confidence interval:
  1.115982 12.879160
sample estimates:
odds ratio
  3.496373
```

chisq.test関数で計算したときと同じようになることがわかります。では、2×2分割表の2つある行のうち、片方が1ケタしかない場合はどうでしょうか？　まずchisq.test関数で試してみましょう。

```
> y<-matrix(c(1625,5,5,1), ncol=2)
> chisq.test(y)
```

```
	Pearson's Chi-squared test with Yates' continuity correction

data:  y
X-squared = 10.4597, df = 1, p-value = 0.00122

Warning message:
In chisq.test(y) : Chi-squared approximation may be incorrect
```

Rに怒られてしまいました（「カイ二乗検定における近似計算結果は正しくないかもしれない」といっています）。ということで、改めてfisher.test関数でやり直してみましょう。

```
> y<-matrix(c(1625,5,5,1), ncol=2)
> fisher.test(y)
```

```
    Fisher's Exact Test for Count Data

data:  y
p-value = 0.02184
alternative hypothesis: true odds ratio is not equal to 1
95 percent confidence interval:
    1.14725 773.04245
sample estimates:
odds ratio
   63.18993
```

今度は警告メッセージが出ることもなく、うまくいきました。このように、極端にサンプルサイズが違う2ケースを比べることは稀ですが、どうしても比べたいときはfisher.test関数を使うということだけ心の片隅に置いておいてください。

3.3.2 ｜ A／Bテストのデータで実践してみる

実際にビジネスの現場でのデータ分析で独立性の検定が用いられる場面というと、その多くが「施策の効果測定」ではないでしょうか。もっとズバリでいってしまえば、サイト改善においてページデザインやサイト導線をA／Bの2通りに出し分けて得られたコンバージョン率を比較することで、それらの施策の効果の大小を決める、いわゆる「A／Bテスト」です。

例えば、表3-2のようなA／Bテストの結果があったとしましょう。サイト導線A／Bとで、コンバージョンへの効果を比べたものです。

3-3 独立性の検定（カイ二乗検定）：施策の効果があったかどうかを見る

表3-2 ● A／Bテストの結果1

	コンバージョンした	コンバージョンしなかった
サイト導線A	25	117
サイト導線B	10	32

これをchisq.test関数で検定してみると、このような結果になります。

```
> ab1<-matrix(c(25,117,10,32),ncol=2,byrow=T)
> chisq.test(ab1)
```

```
    Pearson's Chi-squared test with Yates' continuity correction
data:   ab1
X-squared = 0.4572, df = 1, p-value = 0.4989
```

パッと見では導線Bは良さそうに見えますが、p＞0.05どころかほとんどp＝0.50ぐらいになってしまいました。すなわち、これは統計的には効果があるとはいいがたいということですね。

では、表3-3のようなデータではどうでしょうか？

表3-3 ● A／Bテストの結果2

	コンバージョンした	コンバージョンしなかった
サイト導線A	25	117
サイト導線B	16	32

先ほどのデータに比べて、導線Bでコンバージョンした人だけが6人増えたというデータです。

```
> ab2<-matrix(c(25,117,16,32),ncol=2,byrow=T)
> chisq.test(ab2)
```

```
    Pearson's Chi-squared test with Yates' continuity correction

data:  ab2
X-squared = 4.3556, df = 1, p-value = 0.03689
```

　今度は$p<0.05$で有意に導線Bの方が効果あり、という結果になりました。
　この結果には大きなヒントがあります。最初の段階ではまだ有意に導線A／Bとの間に効果の差があるとはいえなかったけれども、新たにデータがやってきたら導線Bに有意な効果ありという結果になった……すなわち、データが増えたことで仮説検定の精度が上がったともいえるわけです。
　このように、ある時点のデータでは結論が出せなかったとしても、もう少しだけデータがたまるのを待って改めて検定すれば、有意差ありという結論に至るケースは少なくありません。確かなA／Bテストの結論が欲しい場合は、焦らず十分なデータが得られるのを待つというのも大切な姿勢だと覚えておいてください。

3-4 順位和検定：分布同士の「ずれ」を見る

　これは「ノンパラメトリック検定」といわれる手法のひとつで、簡単にいえば「データがどのように分布していてもお構いなしに使える仮説検定メソッド」です。厳密にはそこまで完全フリーダムということはないんですが、t検定が使えない場面（データのばらつきの分布が完全に不明・2つのデータを比べたいのにお互いのばらつきが全く似ていないetc.）で伝統的によく使われてきたメソッドです。

　何でそんなフリーダムなことができるのか？　というと、平たくいえばそのメソッド名が示す通りで「個々のデータ点のサンプル内での『順位』に着目している」からです。厳密な説明は割愛しますが[14]、一般に「順位データのばらつきは生データの分布とは無関係にどれも似たような分布になる」ということが知られています。

　この性質には、統計学的に良い点もあれば悪い点もあるのですが、順位和検定はその性質を最大限生かして安定的に仮説検定ができるように工夫したものだ、と理解しておけばひとまず大丈夫です。

　一般に、t検定は「外れ値に弱い」とされています。つまり、元のデータの分布がいびつになると正しくない結果につながりやすいというわけです。そういう場合でも、データの「順位」は大きくは変わらないもの……そこが順位和検定のメリットです。

　ただし、気を付けたいのが「t検定が使える場面ではt検定を使うべき」ということ。厳密には、t検定が使えるデータに対しては順位和検定よりもt検定の方が優れている[15]ことが統計学では知られています。

---

[14] 例えば『自然科学の統計学』（東京大学教養学部統計学教室編、東京大学出版会）p.219以降を参照のこと。

[15] いわゆる「漸近有効性」の議論ですが、本書の範囲から完全にぶっ飛んでいるので割愛します。

3.4.1 | 3-1節の売り上げデータで試してみる

それでは、本書提供のサンプルデータで実践してみましょう。3章のサンプルデータ"ch3_4_1.txt"をダウンロードして読み込んで下さい（p.39参照）。データ名は"r"としておきます。

これは3-1節で取り上げた、とある施策A／Bとで売上高を記録したデータです。単位は［万円］、日次データで30日分が記録されています。

順位和検定は、別々に独自にそのメソッドを編み出した統計学者の名前を取って、Wilcoxon検定もしくはMann-Whitney検定とも呼ばれます。Rでは前者の名前を冠したwilcox.test関数で実行することができます。試しにやってみましょう。

```
> wilcox.test(r$A,r$B)
```

```
    Wilcoxon rank sum test with continuity correction

data:  r$A and r$B
W = 841.5, p-value = 7.204e-09
alternative hypothesis: true location shift is not equal to 0

 警告メッセージ: 
In wilcox.test.default(r$A, r$B) :
   タイがあるため、正確な p 値を計算することができません
```

p-valueの「e-09」というのは10^{-9}を表しています。つまり、$p < 0.05$ということで有意な差があるという結果になっていますが、何やら警告メッセージが出ていますね。これ、実は順位和検定の原理的な制約で、サンプルサイズがある程度十分に大きく（$n > 30$）ないとp値は近似計算しかできないことが知られています。この点にだけ注意が必要です。

なお、参考までに同じデータに対してt検定をt.test関数で行った結果も示しておきます。

```
> t.test(r$A,r$B)
```

```
Welch Two Sample t-test

data:  r$A and r$B
t = 9.1439, df = 54.398, p-value = 1.377e-12
alternative hypothesis: true difference in means is not equal to 0
95 percent confidence interval:
 18.37431 28.69236
sample estimates:
mean of x mean of y
 153.7333   130.2000
```

t検定でも同様に、有意差ありという結論になっていることがわかります。

3.4.2 │ 外れ値のあるデータで試してみる

では、ここでちょっと意地悪をして、3-1節のデータの一部を外れ値に置き換えてみましょう。

```
> r2<-r       # rのコピーをとる
> r2[1,1]<-50    # Aの1番目の値を146→50に変える
> r2[1,2]<--400  # Bの1番目の値を157→400に変える
```

とんでもない外れ値が、A・Bのそれぞれに入りました。では、まず先にt検定ではどうなるか見てみましょう。

```
> t.test(r2$A,r2$B)
```

```
Welch Two Sample t-test

data:  r2$A and r2$B
t = 1.2286, df = 38.583, p-value = 0.2267
alternative hypothesis: true difference in means is not equal to
0
95 percent confidence interval:
 -7.914541 32.381208
sample estimates:
mean of x mean of y
 150.5333  138.3000
```

たった2つの値が外れ値に飛んでしまっただけで、「有意差なし」という結論に変わってしまいました……。では、順位和検定はどうでしょうか?

```
> wilcox.test(r2$A,r2$B)
```

```
Wilcoxon rank sum test with continuity correction

data:  r2$A and r2$B
W = 805, p-value = 1.566e-07
alternative hypothesis: true location shift is not equal to 0

 警告メッセージ:
In wilcox.test.default(r2$A, r2$B) :
   タイがあるため、正確な p 値を計算することができません
```

多少p値が変わっていますが、「Aの方がBより有意に大きい」という結論は変わりません。それは、外れ値が加わっても残りのデータの値の「順位」に大きな変動は出ないからです。

このように、順位和検定は外れ値がゴロゴロしていると疑われるような状況で使える、「ノンパラメトリック検定」なのだ、と覚えておいてください。いつかどこかできっと役に立つことでしょう。

第 4 章

ビールの生産計画を立てよう
～重回帰分析～

　ここからは、いよいよデータマイニングの醍醐味である「多変量解析」の世界に踏み込んでいきます。その多変量解析の初歩として、この章では「重回帰分析」について学んでいきましょう。

4-1 ある「目的となるデータ」をさまざまな「独立な周辺データ」から「説明」したい＝回帰

重回帰分析はRに限らず多くの統計分析ツールで実行できるため、非常に多くのデータ分析の現場で広く用いられています。その原理はこの後の章に出てくるさまざまな多変量解析メソッドの基礎になっており、またそのコンセプトは本書の範囲を超えたその先の高度な分析メソッドにおいても利用されているので、重回帰分析を正しく使いこなせるようになればさらに多くの分析メソッドを会得するための助けにもなります。ぜひこの章でしっかりマスターしてください。

ではまず、重回帰分析の根底にあるコンセプトである「回帰」について学んでいきます。「回帰」とはどういうことかというと、**ある「目的となるデータ」**（売上高・利益・来客数・クリック数etc.）**をさまざまな「独立な周辺データ」**（気温・曜日・月・景況・キャンペーン・サイト導線・クリエイティブ広告etc.）**から「説明」する**ということです。

ここで大事なポイントとして、

1. 「独立な周辺データ」は基本的にはお互いに影響を及ぼすことができない
2. 「独立な周辺データ」→「目的となるデータ」なる因果関係がある

という仮定のもとで、モデルが作られるという大前提があります。この仮定が満たされないケースでは、重回帰分析を行っても正しくない結果につながるので要注意です。

では、「回帰」とはどういうものなんでしょうか？　最も単純な例として、「売上数」を「気温」というひとつの変数で説明する、「単回帰」のケースを考えてみましょう。イメージとしては、夏場のアイスクリームの販売シーンです。

表 4-1 ● アイスクリームの売上数データ

気温［℃］	売上数［個］
30	179
33	195
32	190
28	171
31	186
29	176
…	…

表4-1のような感じで30日間分のデータがあったと仮定します。そこで気温をx軸、売上数をy軸として全てのデータを並べた散布図を描いてみます。

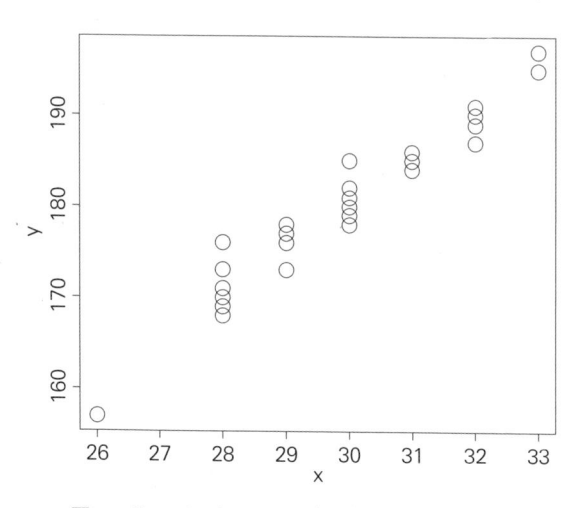

図 4-1 ● アイスクリームの売上数データの散布図

なんとなく「気温が高くなるほどアイスクリームの売上数が増える」ような感じがしますよね。そこで、図4-2のような感じに直線を引いてみたらどうでしょうか？

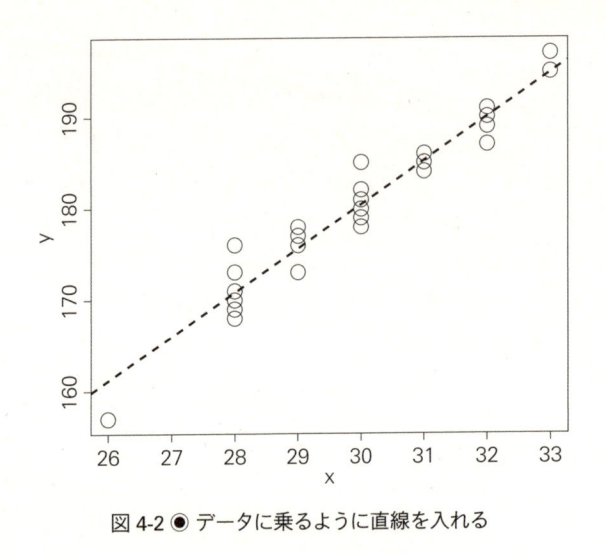

図 4-2 ● データに乗るように直線を入れる

いい感じに並べたデータにフィットしている感じがしますよね。この直線は、実は次の式で表されます。

$$[売上数] = 4.809 \times [気温] + 36.14$$

この式からは「気温が1℃上がるごとにアイスクリームの売上数が4.809個増える」ということがわかります。つまり、気温が上がれば上がるほどアイスクリームは多く売れるということがいえるわけです。

この例では、アイスクリームの売上数という「目的となるデータ」を、気温という「周辺データ」で説明することができました。これを統計学の言い方に換えると、「アイスクリームの売上数を気温に回帰させた」と書き表せます。その関係性をモデル式で表すと次のようになります。

$$y_i = \alpha + \beta_i x_i + \varepsilon$$

x_i：気温、 y_i：売上数、 α：切片（36.14）、 β：回帰係数（4.809），
i：「i番目に測定されたデータ」を表すインデックス，
ε：誤差（正規分布に従う）

統計学の専門用語では、アイスクリームの売上数のような「目的となるデータ」y_iのことを「**目的変数（被説明変数・従属変数）**」と呼び、気温のような「独立な周辺データ」x_iのことを「**説明変数（独立変数）**」と呼びます。つまり、**目的変数を説明変数で説明できるモデルを推定すること……それが回帰分析**ということなのです。

なお、図4-2の直線を表すαとβを計算する方法として最小二乗法というアルゴリズムが用いられていますが、その詳細は本書の範囲を超えるので割愛します[*1]。とはいえ、この後の章で紹介される他の多変量解析との違いを理解する上で非常に大事なキーワードなので、その名前だけは覚えておきましょう。

4-2 重回帰分析＝複数の説明変数でひとつの目的変数を説明する

前節ではひとつの説明変数で目的変数を説明する「単回帰分析」を例として挙げましたが、これを複数の説明変数バージョンに拡張したものが「重回帰分析」です。そのモデル式は、ちょっと複雑ですが以下のような感じになります。なお、このモデルも単回帰のときと同様に最小二乗法で推定できて、原理上複数の説明変数同士の影響を取り除いたものとして計算できることになっています[*2]。

$$y_i = \beta_0 + \beta_{1i}x_{1i} + \beta_{2i}x_{2i} + \cdots + \beta_{ni}x_{ni} + \varepsilon_i$$

y：目的変数，x：説明変数，β：偏回帰係数，n：「n番目の説明変数」を表すインデックス，i：「i番目に測定されたデータ」を表すインデックス， ε：誤差（正規分布に従う）

[*1] 例えば『自然科学の統計学』（東京大学教養学部統計学教室編、東京大学出版会）pp.36－56に最小二乗法のアルゴリズムに関する詳細な解説が載っています。

[*2] パラメータβが「偏」回帰係数と称される所以（ゆえん）で、最小二乗法のアルゴリズムに由来する性質です。

例えば「あるWeb広告に対するクリック数を、そのWebサイト内でのさまざまなアクションや広告クリエイティブの要素指標で説明する」というモデルを想定した場合、図4-3のようなイメージで表せます。

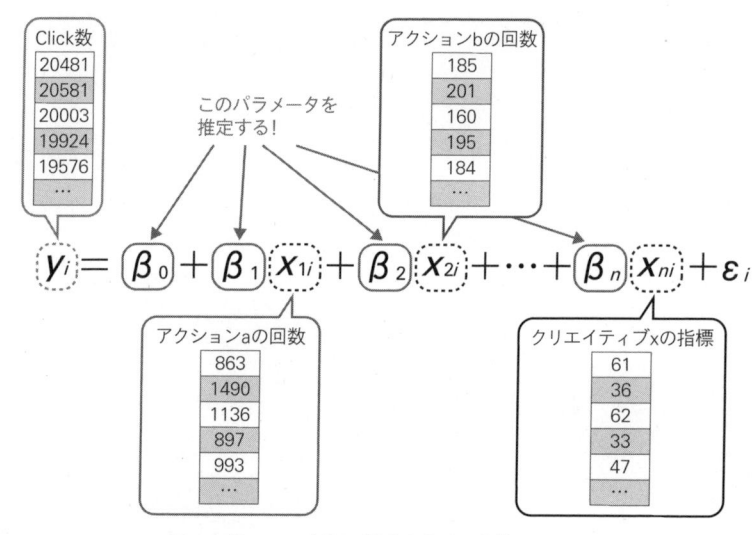

$$y_i = \beta_0 + \beta_1 x_{1i} + \beta_2 x_{2i} + \cdots + \beta_n x_{ni} + \varepsilon_i$$

図4-3 ● Web広告に対するクリック数のモデル

図の中にもありますが、パラメータ β（偏回帰係数）を推定するのが重回帰分析の最大のミッションです。これを出来る限り正確に推定することで、モデル式が手に入るだけでなく、以下のようなメリットが得られるからです。

1. 個々の説明変数のパラメータ β がプラスorマイナスのどちらかを見れば、目的変数に対してプラスorマイナスに作用しているかがわかる
2. 未来の説明変数が手に入れば（予想気温やクリエイティブ改修予定など）、モデル式に代入することで目的変数の未来値を予測することもできる

1番目は図4-2の直線の傾きでいうところの「上向き」か「下向きか」に対応するポイントで、非常に大事な考え方です。

　例えば、図4-2の例では「アイスクリームの売上数」が目的変数だったので、「気温」のパラメータβはプラス（気温が上がるほどアイスクリームが売れる）という結果になりました。これが「おでんの売上数」が目的変数であれば、おそらく「気温」のパラメータβはマイナス（気温が下がるほどアツアツのおでんが売れる）という結果になることでしょう。このように、個々の説明変数が目的変数に対してどのように作用するかがパラメータβからわかります。

　2番目はこれぞ「モデリング」の醍醐味。気温データは天気予報などで未来予測値が手に入りますし、広告クリエイティブは計画的に改修することで要素指標を意図的にコントロールすることができます。これらの「あらかじめ手に入るデータ」を説明変数として突っ込んでやれば、それに対応する目的変数の値が未来予測値として手に入ります。

　これらのモデル推定を、多数の説明変数に対して同時に行うのが「多変量解析」で、その代表例がこの章で取り上げている「重回帰分析」というわけです。

4-3　重回帰分析をやってみよう

　それでは、実際にRで重回帰分析をやってみましょう。Rではデフォルトの{stats}パッケージ内のlm関数で実行できます。基本的な使い方は、以下の通りです。

```
> lm(formula, data)
# formula：formula式（2-7節を参照のこと）
# data：重回帰分析に用いるデータフレーム名
```

なお、重回帰分析に限らず多変量解析の計算結果は別の分析に回して応用することも多いので、計算結果は毎回何かしらの変数として出力しておくと良いでしょう。例えば、

```
> d.lm<-lm(y~., d)
```

のようにしておけば、計算結果をEnvironment上にd.lmとして保持しておくことが可能で、ワークスペースとしてファイル保存もできます。

4.3.1 | オゾン濃度と気象データとの関係を調べてみよう

手始めに、重回帰分析の雰囲気だけを見るためにRのサンプルデータで試しに計算してみましょう。Rには"airquality"というニューヨークの1973年5〜9月のオゾン濃度[*3]と各種気象データをまとめたデータフレームがあり、これを使ってlm関数のふるまいを見ることにします。

まずは前処理を行っておきましょう。余談ですが、このような前処理はいかなるデータ分析の現場でも必須の作業なので、ここで雰囲気だけでも感じ取ってみてください。

```
> data(airquality)    # データ読み込み
> head(airquality)    # head関数でデータの最初の数行を確認する
```

```
  Ozone Solar.R Wind Temp Month Day
1    41     190  7.4   67     5   1
2    36     118  8.0   72     5   2
3    12     149 12.6   74     5   3
4    18     313 11.5   62     5   4
5    NA      NA 14.3   56     5   5
6    28      NA 14.9   66     5   6
# Ozone：オゾン濃度（目的変数）
```

[*3] ここでは大気汚染の指標とされています。

```
# Solar.R：日照強度（説明変数）
# Wind：風速（説明変数）
# Temp：気温（説明変数）
# Month / Day：月・日付のタイムスタンプなので、これは不要
# 一部NA（欠損値）が見えるが、NAの処理は本書の範囲を超えるので割愛
```

```
> airq<-airquality[,1:4]   # 月・日付のデータを外す
```

これでairqという分析用のデータフレームが出来上がりました。目的変数はOzone、説明変数はSolar.R、Wind、Tempの3つです。なお、折れ線プロットにしてみるとこうなります。

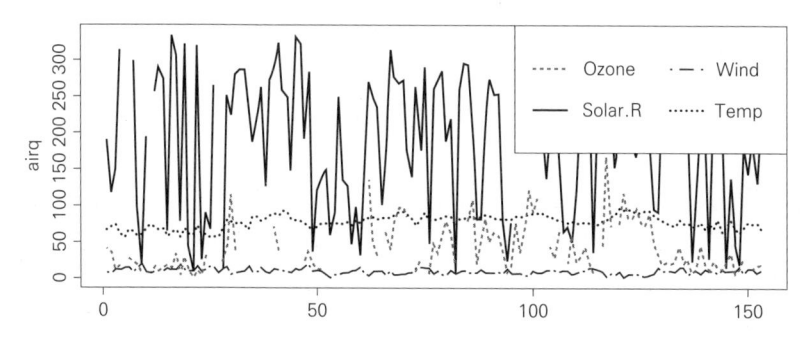

図4-4 ● 5か月間の各データの推移

それでは、いよいよlm関数を使って重回帰分析を行ってみましょう。

```
> airq.lm<-lm(Ozone~.,airq)
# Ozone＝β₀+β₁×Solar.R+β₂×Wind+β₃×Tempのモデルを推定する
> summary(airq.lm)  # summary関数で結果を表示する
```

第 4 章－ビールの生産計画を立てよう　〜重回帰分析〜

```
Call:
lm(formula = Ozone ~ ., data = airq)   # モデル式

Residuals:   # 推定残差（※本書の範囲を超えるので説明は割愛）
    Min      1Q  Median      3Q     Max
-40.485 -14.219  -3.551  10.097  95.619

Coefficients:   # 偏回帰係数：これが本書では最も重視するところ！
              Estimate Std. Error t value Pr(>|t|)
(Intercept)  -64.34208   23.05472  -2.791  0.00623 **  #切片
（直線のオフセット）
Solar.R        0.05982    0.02319   2.580  0.01124 *
Wind          -3.33359    0.65441  -5.094 1.52e-06 ***
Temp           1.65209    0.25353   6.516 2.42e-09 ***
---
Signif. codes:  0 '***' 0.001 '**' 0.01 '*' 0.05 '.' 0.1 ' ' 1
# 第3章でも見た「有意水準」の目安。*があれば95％有意水準のもとで有意

Residual standard error: 21.18 on 107 degrees of freedom
  (42 observations deleted due to missingness)
Multiple R-squared:  0.6059,    Adjusted R-squared:  0.5948
F-statistic: 54.83 on 3 and 107 DF,  p-value: < 2.2e-16
# この辺の数字はモデルの妥当性に関する統計学的なパラメータ
# （※本書の範囲を超えるため説明は割愛）
```

　この結果の中で大事なのは、Coefficients（係数）のパートです。これをわかりやすく書き直したのが以下の表です。

表 4-2 ● 日照強度、風速、気温データの偏回帰係数

	偏回帰係数	標準誤差	t値	p値	有意か？
（切片）	− 64.34	23.05	− 2.79	0.00623	**
日照強度	0.06	0.02	2.58	0.01124	*
風速	− 3.33	0.65	− 5.09	0.00000	***
気温	1.65	0.25	6.52	0.00000	***

　推定されたパラメータ（偏回帰係数）$\beta_0 \sim \beta_3$ は全て統計的に有意です。

偏回帰係数の符号を見ると、

1. プラス：日照強度・気温
2. マイナス：風速

となっていて、「日照強度＆気温が上がるほどオゾン濃度が増し」、「風速が上がるほどオゾン濃度が下がる」ことがわかりました。これは我々の経験則的にも一致していますよね[4]。なお、標準誤差とt値があるのは、実は重回帰分析の裏側ではt検定と同じ仕組みが使われているためです。

このような感じで、lm関数を使えばサクッと簡単に重回帰分析のモデル推定を行うことができます。

4.3.2 ｜ ビールの売上高のデータで実践してみる

今度は本書のオリジナルデータでも重回帰分析をやってみましょう。ここでは、あるビール会社の夏場のビール売上高のデータから、自社工場の生産量を調整するというプロジェクトがあるものと想定しています。

ビールの売上高を説明する要因として、例えば「テレビCMの放映コスト（放映ボリュームにほぼ一致）」「気温」「地域の花火大会のスケジュール」があるものとしましょう[5]。これらをまとめたデータフレームをオリジナルデータ"ch4_3_2.txt"として用意してありますので、ダウンロードして読み込んで下さい（p.39参照）。データ名は"d"としておきます。

```
> head(d)
```

---

[4] 夏場で日照が強い＆気温が高いほど（スモッグが発生して）オゾン濃度が上がり、風が強ければスモッグは滞留せずに流れるのでオゾン濃度が下がるわけです。

[5] あくまでもシミュレーションデータなので、実際にこの通りのデータが得られるかどうかは度外視しています。

```
        Revenue       CM      Temp    Firework
1       47.14347      141      31        2
2       36.92363      144      23        1
3       38.92102      155      32        0
4       40.46434      130      28        0
5       51.60783      161      37        0
6       32.87875      154      27        0
```

Revenueがビール売上高、CMがテレビCM放映コスト、Tempが気温、Fireworkがその地域におけるその日の花火大会の回数を示しています。では、これをlm関数で重回帰分析してみましょう。

```
> d.lm<-lm(Revenue~.,d)
> summary(d.lm)
```

```
Call:
lm(formula = Revenue ~ ., data = d)

Residuals:
    Min      1Q   Median      3Q      Max
 -6.028  -3.038   -0.009   2.097    8.141

Coefficients:
            Estimate  Std. Error  t value  Pr(>|t|)
(Intercept) 17.23377   12.40527    1.389   0.17655
CM          -0.04284    0.07768   -0.551   0.58602
Temp         0.98716    0.17945    5.501   9e-06    ***
Firework     3.18159    0.95993    3.314   0.00271  **
---
Signif. codes:  0 '***' 0.001 '**' 0.01 '*' 0.05 '.' 0.1 ' ' 1

Residual standard error: 3.981 on 26 degrees of freedom
Multiple R-squared:  0.6264,    Adjusted R-squared:  0.5833
F-statistic: 14.53 on 3 and 26 DF,  p-value: 9.342e-06
```

前節の例と同じように、Coefficients（係数）のパートをわかりやすく書き直してみましょう。

表 4-3 ● CM 放送コスト、気温、花火大会データの偏回帰係数

	偏回帰係数	標準誤差	t値	p値	有意か？
（切片）	17.23	12.41	1.39	0.17655	
CM放映コスト	−0.04	0.08	−0.55	0.58602	
気温	0.99	0.18	5.50	0.00001	***
花火大会	3.18	0.96	3.31	0.00271	**

　この結果を見ると、CMの放映コスト（放映ボリューム）はあまりビールの売上高には関係ないようです。その代わり、気温が高いほどビールの売上高が伸びる上に、さらに花火大会があると統計的に有意になるくらいビールの売上高が大きく伸びるらしい、ということがわかります。

　気温は天気予報から予測ができますし、花火大会のスケジュールは大抵数ヶ月前には決まっています。なので、「**気温が高くなると予想されて花火大会のある日はビールの生産量を引き上げればより多く売れる**」のではないかと推論できます。

　実際にはもっと多くの説明変数となり得るデータを揃えますし、現実のビール売上高のデータはさらに複雑な変化をしますが、おおむねこのようにして重回帰分析を用いたマーケティングが分析ビジネスの現場では行われています。

4-4 「偏回帰係数」と「相関係数」の違いに注意

　ところで、2つのデータ同士の関係性を調べるものとして「相関分析」というものがあることをご存知の人もいることでしょう。2つのデータのうち、同じタイミングで得られた値をそれぞれx軸・y軸に並べてxy平面上に散布図として並べて、その近似直線の傾きを求めるというイメージの分析手法で、ExcelでもCORREL関数で簡単に計算できます。

そのお手軽さから好んでデータ分析に用いる人も少なくないのではないでしょうか。

しかしながら、相関分析には実はひとつ問題があるのです。それがあるがゆえに、重回帰分析をはじめとする多変量解析の存在意義があるといっても過言ではありません。

試しに先ほどのビール売上高のデータで試してみると、こんな感じになります。相関分析において、相関の強さを表す指標として得られる相関係数はRではcor関数で計算できます。

```
> cor(d$Revenue,d$CM)
```

```
[1] -0.07355843
```

```
> cor(d$Revenue,d$Temp)
```

```
[1] 0.6746146
```

```
> cor(d$Revenue,d$Firework)
```

```
[1] 0.4371593
```

これを、正規化したビール売上高のデータに対する重回帰分析で計算したパラメータ（偏回帰係数）と見比べてみましょう。

```
# 正規化のプロセスは割愛
> d.lm$coefficients
```

```
  (Intercept)             CM          Temp       Firework
 3.443025e-16  -6.674421e-02  6.615688e-01   4.007240e-01
```

表にして並べてみると、こうなります。

表 4-4 ●偏回帰係数と相関係数の比較

	偏回帰係数	相関係数
CM放映コスト	−0.07	−0.07
気温	0.66	0.67
花火大会	0.40	0.44

　微妙に一致していませんが、これにはちゃんと訳があります。実は、目的変数と説明変数との間の相関係数を単に計算しただけでは、「説明変数同士の関係（相関）によって歪められた」結果になってしまうのです[6]。この章で用いたビール売上高のデータではあまり大きな違いは出ていませんが、場合によっては偏回帰係数と見比べた場合に符号のプラスマイナスがなんと逆向きになることもあることが知られています。

　しかし、重回帰分析では最小二乗法というアルゴリズムの性質上、そのような問題を避けて[7]、正確に目的変数と説明変数との間の関係を表すことができます[8]。「偏」回帰係数というパラメータ β の呼び方には、そういう意味合いも込められているのです。

　なので、目的変数に対して説明変数が複数あるような場面では、出来る限り重回帰分析をはじめとする多変量解析を用いるようにしましょう。その方が、ひと手間かかりますがより正確な結果を得ることができます。

---

[6] 実際にはそのような説明変数同士の影響を避ける相関係数の計算方法として「偏相関」という考え方があります。

[7] 正確には「多重共線性」(multi-colinearity)の問題が残ります。

[8] 筆者のブログに簡単な解説記事があります。→「なぜ項目ごとに単純な集計をするより、多変量解析（重回帰分析）をした方が正確な結果を返すのか」http://tjo.hatenablog.com/entry/2013/08/15/001338

> **Column　どれくらいの個数のデータを集めれば良い？**
>
> さまざまなビジネスの現場で多くの人々の頭を悩ませているのが、「どれくらいの個数のデータを集めれば十分なのか？」という、いわゆるサンプルサイズの問題です。もちろんデータは多いに越したことはありませんが、仮説検定や重回帰分析におけるパラメータ推定などにおいては、サンプルサイズが大きくなればなるほど、些細な差やパラメータであっても統計的には有意になってしまいがちです。
>
> 例えば、ある工場の2つのラインで生産される鉛筆の長さの平均がそれぞれ17.55cmと17.57cmだったとしましょう。0.02cmという差は非常にわずかで鉛筆の長さとの比率で見ればほとんど意味のない数字ですが、それでも1万本ずつ集めてt検定にかければ有意になることもあり得ます。このようなケースで「2つのラインが生産する鉛筆の長さには有意な差があるのだから大金をかけて修理するべきだ」と結論付けるのはおかしいはずなのに、実際には同様のケースで大真面目に「有意差が出たから……」と騒動になってしまうことは世の中少なくありません。
>
> このような場合は、「検定力（検出力）」「効果量」の概念に基づいて適切なサンプルサイズを事前に決めておき、データをため続けた結果、そのサンプルサイズに達したらデータの取得を打ち切り、分析して有意性を見るというやり方を採るべきです。Rでは {pwr} パッケージを用いてサンプルサイズを決定する方法がありますが、その詳細は例えば筆者ブログ記事（http://tjo.hatenablog.com/entry/2014/02/24/192655）や関連書籍などに譲ります。
>
> ビッグデータの時代においては「サンプルサイズが大きくなるほど勝手に有意になってしまう」仮説検定やパラメータ推定が珍しくありません。それらに振り回されないためにも、正しいデータマイニングの知識は必要なのです。

第 5 章

自社サービス登録会員を グループ分けしてみよう
～クラスタリング～

　ここからは、少し踏み込んで「機械学習」のさまざまな手法を見ていきましょう。第5章では、「クラスタリング（クラスター分析）」について学んでいきます。これは平たくいえば「似たもの同士をまとめて仕分ける」手法のことで、機械学習の二大ジャンルのひとつである「教師なし学習」[*1]に分類されるものです。

[*1]「教師なし学習」(unsupervised learning)はデータを分類する際に基準となる事前情報を必要としない機械学習のことです。これに対し、基準となる事前情報を与えられて、それに基づきデータを分類する機械学習のことを「教師あり学習」(supervised learning)と呼びます。

5-1 「何かの基準に基づいて似たもの同士をまとめる」＝クラスタリング

　機械学習とは何ぞや？　という細かい点は第8章で詳しく学ぶことにして、ここではクラスタリングという手法の使い方を覚えていきましょう。

　クラスタリングとは、文字通り「（似たもの同士を）クラスターに分ける」ことを指します。例えば、図5-1のようにxy平面上に散らばっているデータについて考えてみましょう。

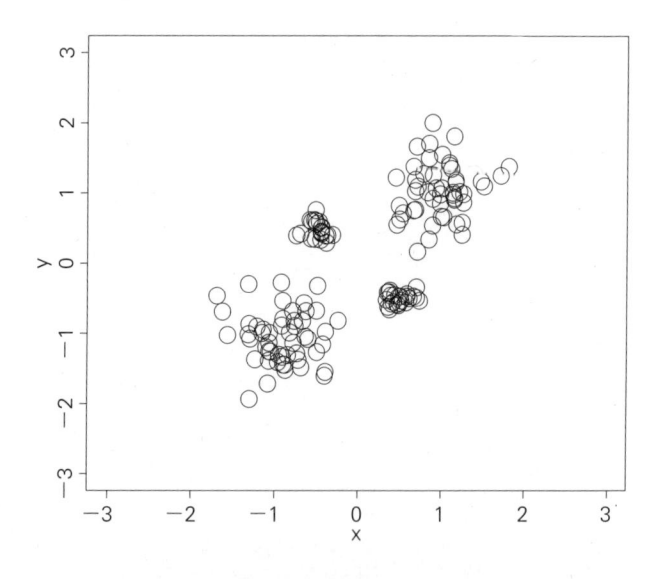

図5-1 ● 平面上に散らばっているデータ

　パッと見では、右上と左下は図5-2のような感じにまとめられるはずです。

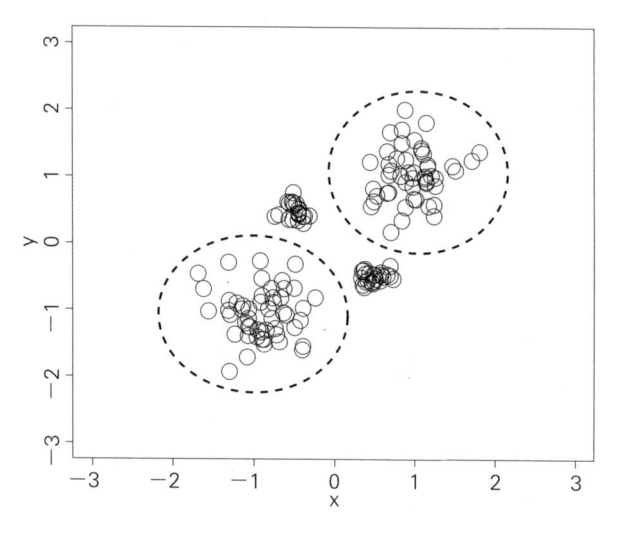

図 5-2 ● 右上と左下をまとめる

その他にも、右下と左上も小さいながらも図5-3のような感じでまとめられるのではないでしょうか。

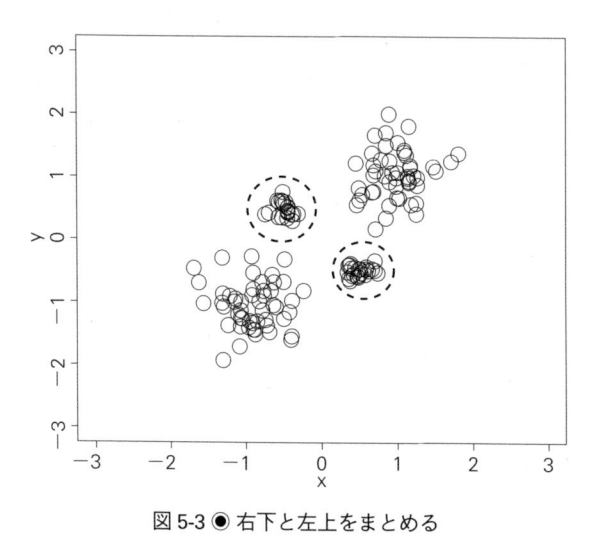

図 5-3 ● 右下と左上をまとめる

ところで、なぜこのような感じで皆さんは「まとめられる」と感じたのでしょうか？ おそらく、無意識のうちに皆さんはデータ点同士の「距離」に注意を向けていたはずです。すなわち、「近いもの同士はまとめる」「ある程度以上遠いものは別によける」ようにしていたのではないでしょうか。図にするとこんな感じになるのでは？

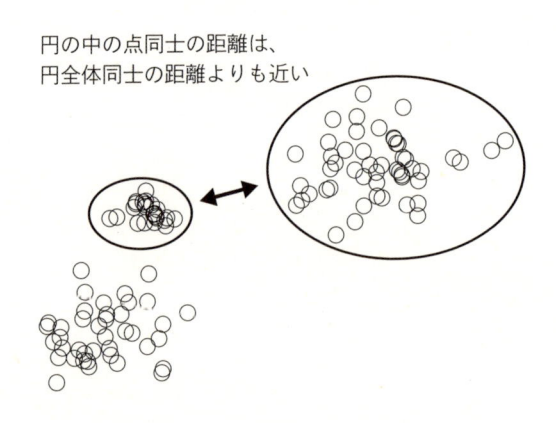

円の中の点同士の距離は、
円全体同士の距離よりも近い

図5-4 ●「距離」でデータを分ける

これとほぼ同じ考え方に基づいてクラスターを設けてデータを仕分けるのが、クラスタリングという手法です。「データ点同士の距離」の他に「クラスター同士の距離」をどう定義するかによって、データの仕分けられ方が変わるという点もポイントです。

前述の例ではわかりやすさを重視してxy平面＝2次元データのみを扱ってきましたが、3次元以上の多次元であっても「データ点同士／クラスター同士の距離」さえ定義できれば全く同じようにクラスタリングすることができます[*2]。それらの手法により、例えばいくつものデモグラフィック情報やカテゴリごとの購入履歴を含む顧客データをクラスタリングすることも可能です。

5-2 Rで利用できるクラスタリング手法たち

クラスタリングにはさまざまな手法がありますが、大まかには以下の3通りに分けられます。

1. 階層的クラスタリング（dist関数 + hclust関数）
2. 非階層的クラスタリング（k-meansクラスタリング：kmeans関数）
3. 混合分布クラスタリング（EMアルゴリズム、混合ディリクレ過程[3]など：{mclust}パッケージなど）

1番目の階層的クラスタリングは、数理的に各データ点間の「距離」を定め、その距離に基づいて階層的にクラスターを設けて仕分けていくものです。このため、仕分けが進んで階層が深くなるとどんどんクラスターが細かくなり、その様子を図に表すと樹木状になります（樹状図：デンドログラム dendrogram、p.95参照）。

2番目のk-meansクラスタリングは、あらかじめk個のクラスターにデータを分けられるものと仮定し、やはり各データ点間の「距離」に基づいてk個のクラスターそれぞれにデータ点を仕分けていくものです。これは階層的クラスタリングとは逆に、数値解析[4]の手法を用いてk個のクラスターの分かれ方を最適化させていく手法です[5]。

---

[2] いわゆる「距離」といえばユークリッド距離のことを思い出す人が多いでしょうが、機械学習の分野では他にもさまざまな定義を持つ別の距離指標を導入することで、さらに複雑なクラスタリングを実現しています。

[3] 混合ディリクレ過程は本書の範囲を超えるため、Rでの実践まで含めて割愛します。本書執筆時点では、{DPpackage}パッケージで実行できます。

[4] 統計学でも機械学習でも、代数学的に解けない（解析的に解けない）方程式やモデル式を解くために、反復計算などのテクニックを用いて数値解を求めるようなケースが多数あります。それらの方法論やアプローチを総称して「数値解析」と呼びます。

[5] もう少し細かく書くと、まずあらかじめk個あると仮定したクラスターのそれぞれにいったんランダムに全サンプルを割り振ります。その上で、各クラスターの代表ベクトルが各クラスターの平均ベクトルと一致するように、数値解析的にサンプルを入れ替えながら最適化させていくというアルゴリズムです。

これら2種類のクラスタリング手法は、いずれもひとつのデータがひとつのクラスターにのみ分類される「ハードクラスタリング」と呼ばれます。

一方、3番目の混合分布クラスタリングではデータの分布に対して確率モデルを当てはめ、個々のデータ点がどのクラスターに属するかはあくまでも確率的に決まります[*6]。このうち、k-meansクラスタリングと同様にクラスターの個数をあらかじめ仮定して、数値解析で確率モデルの当てはめを行うアルゴリズムとしてEMアルゴリズム[*7]がRでは実装されています。

また、この考え方をさらに極端に推し進めて「クラスターの個数も、どのデータ点がどのクラスターに分けられるかも、いっぺんに推定する」手法として、混合ディリクレ過程（Dirichlet Process Mixture, DPM）[*8]と呼ばれる手法が近年になって提案され、これもRパッケージとして実装されています。

なお、参考までに図5-1のデータを2番目のk-meansクラスタリングで分類し、分類結果に合わせて色分けした結果を示しておきます。
おおむねうまく分類できているのが見てとれるでしょう。

[*6] このように確率モデルを得ようとするアプローチは、一般にベイズ統計とかベイジアンとか呼ばれます。
[*7] EMアルゴリズム自体は確率モデルのパラメータの最尤推定値を求めるための数値解析的アルゴリズムで、ここでは混合正規分布モデルにおける隠れ変数としての（個々のサンプルの）クラスター分類確率を算出するのに用いられています。
[*8] これはノンパラメトリック・ベイジアンに分類される手法で、多項分布の共役事前分布であるディリクレ分布を用いることでクラスター個数も含めて全て確率モデルとして推定していくものです。その原理を知るにはいわゆる中華レストラン過程（Chinese Restaurant Process）をはじめとしたコンセプトについても学ぶ必要がありますが、本書の範囲を超えてしまうのでここでは割愛します。

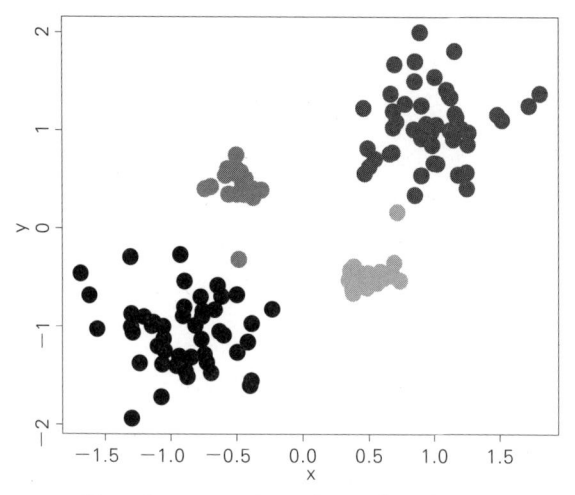

図 5-5 ● k-means クラスタリングの分類結果

5-3 eコマースサイトの顧客データでクラスタリングしてみよう

　それでは、本書のサンプルデータで実際にクラスタリングしてみましょう。ここで試すクラスタリング手法は、Rパッケージで実装されている代表的な手法である階層的クラスタリング、k-meansクラスタリング、EMアルゴリズム（混合正規分布モデル）の3種類です。

　まずこの章のサンプルデータ"ch5_3.txt"をダウンロードしてきて、dという名前でインポートしておきましょう（p.39参照）。これはあるeコマースサイトで、顧客ごとに書籍（book）、衣料品（cloths）、化粧品（cosmetics）、食品（foods）、酒類（liquors）にカテゴリ分けされた商品を1年間に何回購入したかを記録し、そのうち100人分をサンプリングしてきたデータであると想定しています。

表 5-1 ● 顧客ごとのカテゴリ別商品購入回数

(id)	books (書籍)	cloths (衣料品)	cosmetics (化粧品)	foods (食品)	liquors (酒類)
1	43	0	3	4	10
2	25	5	5	3	11
3	19	0	2	3	8
4	31	3	3	4	5
5	46	9	2	5	7
...	...	...	...	...	...

パッと見では、booksとclothsではかなり個人差があるようで、ここで何かしらの分類ができるのではないか？ という印象がありますね。それでは、実際にRでこれらのデータをクラスタリングしてみましょう。便宜上、クラスターの個数は「3」と決めておきます。

5.3.1 | 階層的クラスタリングでやってみよう

階層的クラスタリングは、最初に全てのデータ点同士の「距離」を算出するところから始めます。これは単純で、

```
> d.dist<-dist(d)
```

とすれば計算できます。ここで得られた「距離」のデータd.distを、階層的クラスタリングを行うhclust関数に与えます。

```
> d.hcl<-hclust(d.dist, "ward.D")
# 第2引数の"ward.D"は「Ward法」というアルゴリズムを使えという指示
# R3.1.0へのバージョンアップでward.D2というWard法のより正しい実装が導入
    された。上記のward.Dの部分をward.D2に置き換えることで使用できる
```

hclust関数では「距離」の判定アルゴリズムとしてさまざまなものを利用できますが、本書ではひとまず「Ward（ウォード）法」という代表的なものだけを用います。この結果は、前述の通りデンドログラム（樹状図）として表示できます。

```
> plot(d.hcl)
```

Cluster Dendrogram

d.dist
hclust(*,"ward.D")

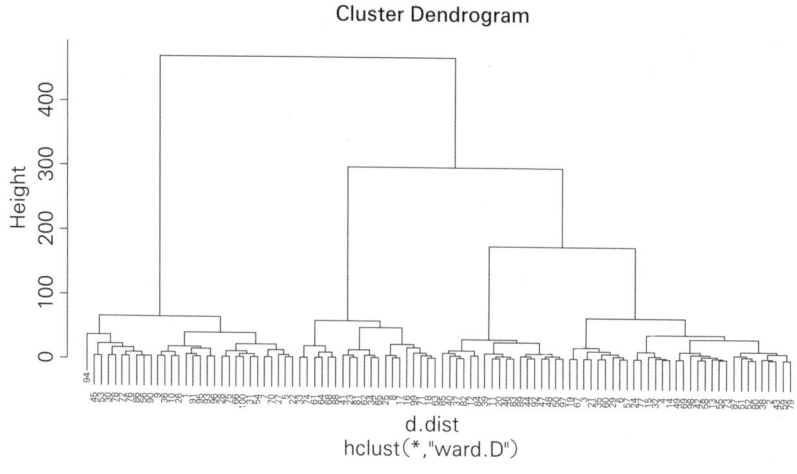

図 5-6 ● デンドログラム

きれいな階層構造になっているのが見て取れます。この図のまま際限なく階層化させていくとクラスターが多過ぎて困るので、3個までで切ってみましょう。

```
> cutree(d.hcl,3)
```

```
 [1] 1 2 2 2 1 2 1 3 1 1 2 2 2 2 2 3 3 3 2 2 2 1 3 2 3 1 1 1 2
 1 1 2 3 3 2 1 2 2 2 2 3 2
[43] 2 2 1 2 2 2 2 2 2 2 1 1 2 1 2 2 2 2 3 3 3 3 3 1 2 3 2 1
 3 1 2 3 1 1 2 1 2 2 3 2 2 2
[85] 2 1 2 3 2 1 1 2 1 1 1 1 2 2 3 1
```

```
> ClusterWard<-cutree(d.hcl,3)
```

このような感じで、100人分のサンプルのうちどの人が1～3のどのクラスターに分類されるかがわかります。この結果はいったん

ClusterWardという変数に収めておきます。

5.3.2 | k-meansクラスタリングでやってみよう

次に、非階層クラスタリングの代表としてk-meansクラスタリングをやってみます。このメソッドでは、あらかじめクラスターの個数kを指定しておく必要があるので、「3個」と決めておきます。

R上での計算は至って簡単です。たったこれだけで済みます。

```
> d.km<-kmeans(d,3)
# 第1引数がデータ（ここではd）
# 第2引数がクラスター数k（ここでは3）
```

クラスタリング結果の内訳は以下のようにして見ることができます。

```
> d.km

K-means clustering with 3 clusters of sizes 46, 33, 21

Cluster means:
       books    cloths  cosmetics     foods   liquors
1  28.739130  10.28261   4.478261  5.043478  6.043478
2  46.060606  11.36364   4.575758  5.090909  5.242424
3   9.047619  13.57143   5.285714  4.333333  7.571429

Clustering vector:
  [1] 2 1 1 1 2 1 2 3 2 2 1 1 1 1 3 3 3 3 1 1 2 3 1 3 2 2 1
 1 2 2 1 3 3 1 2 2 1 1 2 3 1
 [43] 1 1 2 1 1 1 1 1 1 2 2 1 2 1 1 1 1 3 1 3 3 3 2 3 3 1 2 3
 2 1 3 2 2 1 2 1 1 3 2 1 2
 [85] 2 2 1 3 1 2 2 1 2 2 2 1 1 1 3 2

Within cluster sum of squares by cluster:
[1] 4727.500 3614.364 2406.190
 (between_SS / total_SS =  62.7 %)
```

```
Available components:

[1] "cluster"    "centers"    "totss"    "withinss"    "tot.withinss"
[6] "betweenss"  "size"       "iter"     "ifault"
```

この中で大事なのはd.km$clusterです。これが100個のサンプルがどのクラスターに分類されるかを示しているので、やはり別のClusterKmeansという変数にいったん保存しておきます。

```
> ClusterKmeans<-d.km$cluster
```

5.3.3 | EMアルゴリズムでやってみよう

このメソッドだけはRのデフォルトパッケージには入っていないため、{mclust}パッケージをインストールするようにしましょう。RStudioから操作しても（p.44参照）、またコマンドラインから以下のように入力してもOKです。

```
> install.packages("mclust")
```

EMアルゴリズムは確率モデル系の手法ですが、{mclust}パッケージでは確率の値に応じて閾値を決めることで個々のサンプルがどのクラスターに分類されるかを示してくれるようになっています。

それでは、実際にやってみましょう。実は、{mclust}パッケージではいったんクラスターの個数がどれくらいだと最も妥当な結果になるかを示してくれるメソッドがあります。

```
> require("mclust")       # library("mclust")でもOK
> plot(mclustBIC(d))      # mclustBIC関数の出力結果をプロット
```

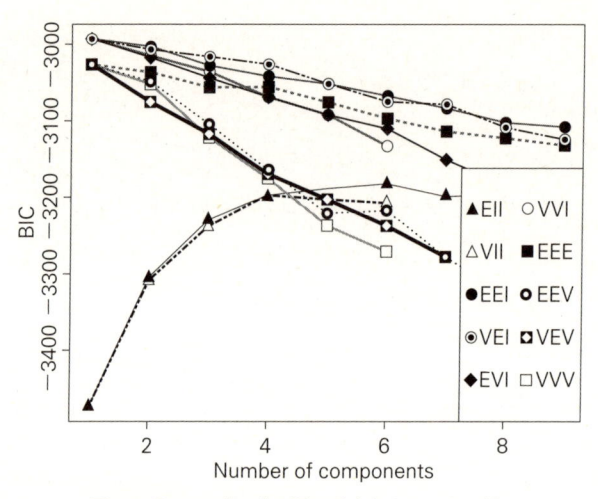

図 5-7 ● アルゴリズム別の妥当なクラスター数

　何が何やらよくわからない図に見えますが、{mclust}パッケージの代表的なクラスタリング向け関数のhc関数で扱える6個のアルゴリズムと、その他一般的な4個のアルゴリズムのそれぞれについて、「クラスターの個数がいくつなら最も数理的に妥当な結果になりそうか」[*9]を示したものです。

　ここではいったん決め打ちとして"EEE"を選び、前述の通りクラスターの個数は「3個」に固定しておきます。そこで、以下のようにやってみましょう。

```
> d.mc<-hc(modelName="EEE",data=d)   # "EEE"で階層的クラスタリングを行う
> d.mcl<-hclass(d.mc,3)   # 3個のクラスターにサンプルを仕分ける
> head(d.mcl)
```

[*9] BIC（Bayesian Information Criteria：ベイズ情報量基準）のプロットです。これが大きければ大きいほど、汎化性能が高く当てはまりの良いモデルであることを示しています。

```
          3
[1,]   1
[2,]   1
[3,]   1
[4,]   1
[5,]   1
[6,]   2
```

クラスタリング結果が得られたので、これもClusterEMという変数にいったん保存しておきましょう。

```
> ClusterEM<-as.numeric(d.mcl)
```

5.3.4 | 3つの手法同士で比べてみる

ところで、今回は純然たる多変量データに対してクラスタリングしてしまったので、2次元xy平面のようにプロットして見比べるということはできません。そこで、3つの手法のそれぞれで、3つあるクラスターが各々どのような特徴を持っているか見てみましょう。

着目するのは「クラスターごとでの5種類の購買履歴の平均回数」です。すなわち、1～3のそれぞれのクラスターに分けられた人たちが、それぞれどのカテゴリの商品をよく購入しているのか？　を3つの手法ごとに調べることで、手法同士の違いが見えてくるはずです。

まず、3つの結果をいったん元データであるdと組み合わせてd2という新たなデータフレームに直した上で、それぞれの平均値のデータをwith関数とaggregate関数を用いて簡単なテーブルにまとめます。ここでは中身はまだ確認しません。平均はaggregate関数の第3引数にmeanを与えることで得られます。

コードの詳細は複雑なのでいったん置いておくとして、以下のようにコマンドラインから実行してみましょう。

```
> d2<-cbind(d,ClusterWard,ClusterKmeans,ClusterEM)
# データフレームdにこれまでの3つのクラスタリングで得られたクラスターのイン
  デックスを列方向に付け加える
> Ward.res<-with(d2,aggregate(d2[,1:5],list(ClusterWard=ClusterWard)
,mean))
> Kmeans.res<-with(d2,aggregate(d2[,1:5],list(ClusterKmeans=ClusterK
means),mean))
> EM.res<-with(d2,aggregate(d2[,1:5],list(ClusterEM=ClusterEM),mean))
# クラスターのインデックスごとに5つの購買履歴の列の平均値を求める
```

次に、order関数でbooksの個数順に並び替えて、round関数で四捨五入します。これで、3つのクラスタリング手法の各々における、5種類の購買履歴の平均値を見ることができます。

```
> round(Ward.res[order(Ward.res$books),-1],0)
```

	books	cloths	cosmetics	foods	liquors
3	9	14	5	4	8
2	29	11	4	5	6
1	47	10	5	5	5

```
> round(Kmeans.res[order(Kmeans.res$books),-1],0)
```

	books	cloths	cosmetics	foods	liquors
3	9	14	5	4	8
1	29	10	4	5	6
2	46	11	5	5	5

```
> round(EM.res[order(EM.res$books),-1],0)
```

	books	cloths	cosmetics	foods	liquors
3	6	22	3	6	1
2	25	13	5	6	6
1	39	8	4	4	7

すると、階層的クラスタリングとk-meansクラスタリングの結果は似ているようですが、EMアルゴリズムの結果は少々違うようです。

そこで、積み上げ型棒グラフを描いてみます。詳細は割愛しますが、以下の要領で描画できます。

```
> par(mfrow=c(3,1))
>  barplot(as.matrix(Ward.res[order(Ward.res$books), -1]),
col=rainbow(5), main="階層的クラスタリング")
>  barplot(as.matrix(Kmeans.res[order(Kmeans.res$books), -1]),
col=rainbow(5), main="K-meansクラスタリング")
>  barplot(as.matrix(EM.res[order(EM.res$books), -1]), col=rainbow(5),
main="EMアルゴリズム")
```

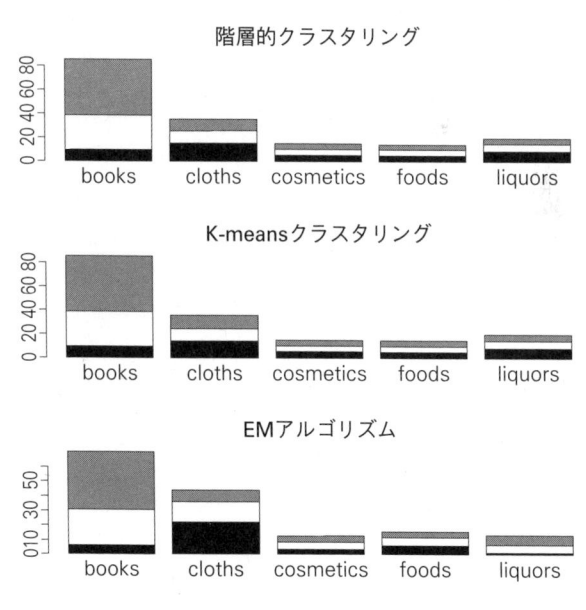

図5-8 ● 手法別　クラスタリングの結果

3つの手法ごとにどのようにクラスタリングされたかをこれでざっくりと見渡すことができます。すると、やはり階層的クラスタリングと

k-meansクラスタリングの結果は似ている一方で、EMアルゴリズムでは特に書籍（books）と酒類（liquors）の分け方が前二者とは異なるらしいということがわかります。

　例えば階層的クラスタリングとk-meansクラスタリングでは、書籍の購入回数が少ないクラスター（図5-8の積み上げ型棒グラフの一番下）にではどの項目もまんべんなく購入しているように見えますが、EMアルゴリズムではそのクラスターの衣料品の購入回数が多くなっていると同時にほとんど酒類を購入していないことがわかります。

　クラスタリングは教師「なし」学習なので、ここで取り上げた3つの手法のどれが正解ということはいえません。クラスタリングした結果が、どれくらい従来の知見と整合するのか、どれくらいドメイン知識から見て自然に見えるのか、はたまたその他の分析を行った場合とどれくらい矛盾しないのか、といった多方面の観点からその良し悪しを評価する必要があります。

　これは教師なし学習に多い「仮説発見的」メソッドの宿命ですが、それだけに分析する側のセンスが生きるメソッドともいえます。皆さん自身のセンスを磨きつつ、良い結果が得られるよう試行錯誤を繰り返していってみてください。

第 6 章

コンバージョン率を引き上げる要因はどこに？
～ロジスティック回帰～

　この章では、上限と下限を持つデータを扱えるメソッドである「ロジスティック回帰」を取り上げます。これは、重回帰分析に代表される「多変量解析」の一種ともいえますし、一方で「教師あり学習」の一種ともいえるという、いわばハイブリッドな分析メソッドともいえます。

　「回帰」そのものについてはすでに第4章で見てきましたが、そのとき想定していたのはある程度自然に大小のばらついた[*1]データでした。では、「上限と下限が決まっている」データや「Yes／No で表される」データに対してはどうしたら良いのでしょうか？　ここからは、ロジスティック回帰がどのようにしてそのようなデータを「回帰」していくかを見ていきます。

---

*1　もちろんこれは「正規分布に従う」という意味です。

6-1 「一般化線形モデル」とは

　世の中には、売上高や出荷数のような特に数字の制約のないデータの他に、「○○率」や「Yes／No（数値で表すと1 or 0の二値型データ）」のように、その性質上どうしても上限と下限が決まってしまっているデータもたくさんあります。また、ある工場の特定の生産ライン1本における不良品の個数のように、普段なら1日に1、2個見つかるだけというようなまばらなデータというものもあります。

　そのようなデータに対して、第4章で取り上げた重回帰分析（正規線形モデル）を用いようとすると、「上限」「下限」「まばらさ」「二値型データ」が存在することによる影響が大き過ぎて、得られる結果が歪んでしまいます。そこで、そのような制約のあるデータに対しても重回帰分析を行えるようにしたのが、「**一般化線形モデル（Generalized Linear Model: GLM）**[*2]」です。ロジスティック回帰はその代表例といえます。

6-2 パーセンテージのように「上限と下限が決まっている」場合のロジスティック回帰

　ここでは、仮想ケースとして「大学生の小遣い額」と「自前スマートフォン（スマホ）所有率」というケースを想定してみましょう[*3]。アル

[*2] これは第4章で取り上げた重回帰分析（正規線形モデル）において「目的変数が正規分布に従ってばらつく」と仮定されていたのを、「目的変数が二項分布やポアソン分布など他の確率分布に従ってばらつく」ケースでも対応できるように線形モデルを拡張したものです。その全容を紹介するのは本書の範囲を超えるので割愛し、ここではロジスティック回帰のみを取り上げます。その他の詳細については巻末の参考文献を当たってみてください。

[*3] あくまでも仮想上のデータであり、実際にこのようなデータがあるわけではありませんので悪しからず。

バイトに励んでいたり、もしくは実家が裕福で仕送りが多い学生であれば、おそらくスマホを持っている率は高いでしょう。一方で、そうではない学生であれば自前でスマホを持つのはまだまだハードルが高いのではないかと考えられますね。

　また、スマホはそれなりに購入価格も高い上に維持費や通信費もかかるので、小遣い額があるラインを超えるか超えないかで、自前スマホを買える・買えないが分かれるのではないか？　とも予想されます。例えば、表6-1のようなデータがあったと仮定しましょう。

表6-1 ● 小遣い額とスマホ所有率

小遣い額［円］	スマホ所有率
77000	0.995504
44000	0.231475
71000	0.985226
76000	0.994514
10000	0.000335
95000	0.999877

これをプロットしてみた結果が、図6-1の通りであったものとします。

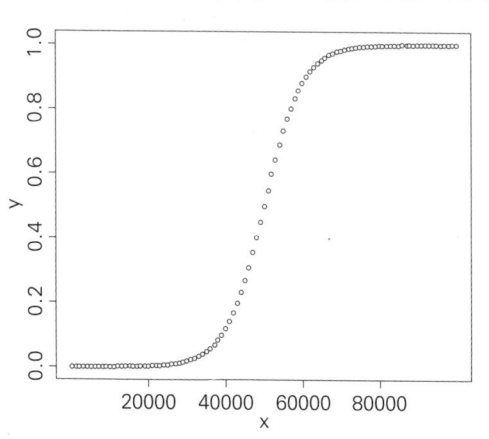

図6-1 ● 小遣い額とスマホ所有率のプロット

第 6 章 ―コンバージョン率を引き上げる要因はどこに？　～ロジスティック回帰～

　明らかに5万円ぐらいのところに何かしらの閾値があって、その前後で自前スマホ所有率に大きな差が出ていることがわかりますね。このような場合に、漠然と第4章で学んだのと同じ重回帰分析（正規線形モデル）を適用すると、図6-2のようなおかしな結果になってしまいます。

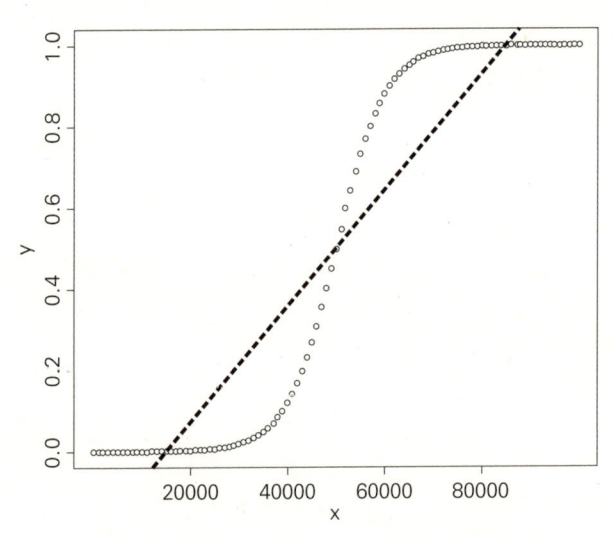

図6-2 ● 図6-1に重回帰分析を適用した結果

　これでは実際のデータを反映しているようには見えませんよね。そこで、ロジスティック回帰では以下のような変換を行って対応するようにします。

$$\log\left(\frac{y_i}{1-y_i}\right) = \alpha + \beta_i x_i + \varepsilon$$

　右辺は第4章でも見たような回帰モデル式そのものです。ポイントは左辺。このように左辺を「1になる確率（y_i）を0になる確率（$1-y_i$）[*4]

[*4] 確率の和は1になるので、1になる確率をy_iとすると0になる確率は$1-y_i$になります。

で割ったものをさらに対数変換（log）したもの」にすることで、限りなく正の方向（プロットの右側）に行っても最大で1にしかならず、逆に限りなく負の方向（プロットの左側）に行っても最小で0にしかならず、「上限と下限がある」というデータの性質をうまく表現できるようになっています。なお、この式の形を「ロジットリンク関数」と呼びます。

　この式を、指数関数（e^x）を用いて直すと、以下のようになります。

$$y_i = \frac{1}{1+e^{-(\alpha+\beta_i x_i + \varepsilon)}}$$

　このような式に直した上で、改めて第4章と同じようなやり方でαやβを求めるのがロジスティック回帰（および一般化線形モデル全般）というわけです。ちなみにこのモデルに基づいてモデル曲線を描いてみた結果が図6-3です。

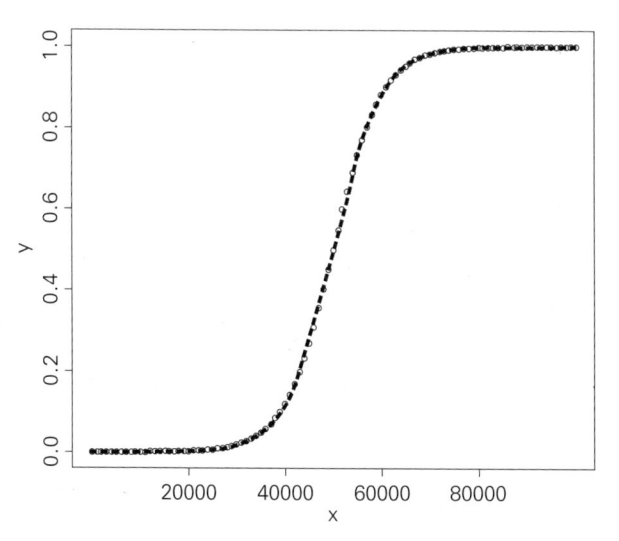

図6-3 ● 図6-1にロジスティック回帰を適用した結果

これなら実際のデータをうまく反映しているように見えますね。

ひとつだけ注意したいのが、このモデル式のパラメータを推定するには第4章で用語だけ紹介した「最小二乗法」ではなく「最尤法」*5というう計算法を用いるのですが、原理的に式の形が複雑になってしまい最小二乗法のように直接解けないため*6、どうしても数値解析的な方法で解くしかない、という点。Rの裏側におけるコンピューティングという意味でも、一般化線形モデルは第4章で取り上げたような正規線形モデルとは異なるわけです。

6-3　テストの合否のように「Yes／No（1 or 0）の二値で現れる」場合のロジスティック回帰

　ここでは、よくある何かの資格試験を考えてみましょう。暗記項目が多い資格試験で、基本的には勉強時間をかければかけるほど合格率が上がるようなケースを想定します。手に入るデータは、ズバリ受験者一人ひとりの1日当たりの勉強時間と、合否結果だとしましょう。

　これも先ほどの学生の自前スマホ所有率のケースと同じように捉えることができます。例えば、資格試験なので一定の項目数を暗記できるかどうかで合否が分かれるのではないかとも考えられますよね。また、合否は1か0かという二値データだという点も特徴的です。例えば、表6-2

---

*5　最尤法は一般化線形モデルおよびそれより高度な多変量解析におけるパラメータ推定のための代表的な手法です。その詳細な中身は本書の範囲を超えるので割愛しますが、さまざまな統計学・機械学習手法でお世話になることが多いので、その言葉だけは覚えておきましょう。

*6　詳細については例えば『自然科学の統計学』（東京大学教養学部統計学教室編、東京大学出版会）p.238のロジット最尤推定量に関する説明などを参照のこと。最尤法でも連立方程式を立てて解くのですが、そのまま解こうとするとロジスティック分布の累積分布関数を伴う複雑な関数形に発展するため、解析的に解くのが困難であるとされます。ニュートン＝ラフソン法など数値解析による解法が用いられる所以です。なお、コンピューターへの計算負荷は激増しますが、第10章でトピック的に取り上げるマルコフ連鎖モンテカルロ法（MCMC）で偏回帰係数を推定することも可能です。

のようなデータだったと仮定してみます。

表6-2 ● 1日当たりの勉強時間と合否結果

1日当たりの勉強時間 ［時間］	合否（1: 合格、0: 不合格）
5.4	1
0.5	0
7.5	1
3.0	0
6.8	1
4.0	0

これをプロットした結果が、図6-4のようなものであったとしましょう。

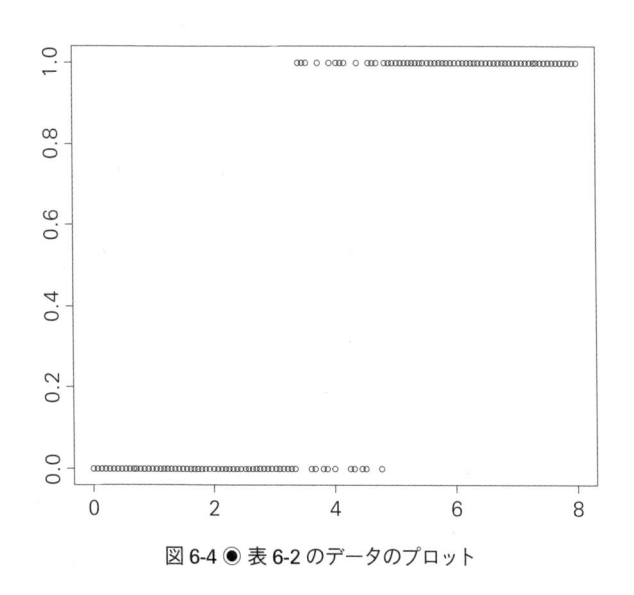

図6-4 ● 表6-2のデータのプロット

1日当たりの勉強時間が4時間前後で、合否が分かれているらしいということがわかります。見るからに、第4章で取り上げたような正規線

形モデルではうまくいかなさそうですね。実は、このようなケースでもロジスティック回帰で説明することができます。実際にロジスティック回帰を当てはめて、モデル曲線を描いてみた結果が図6-5です。

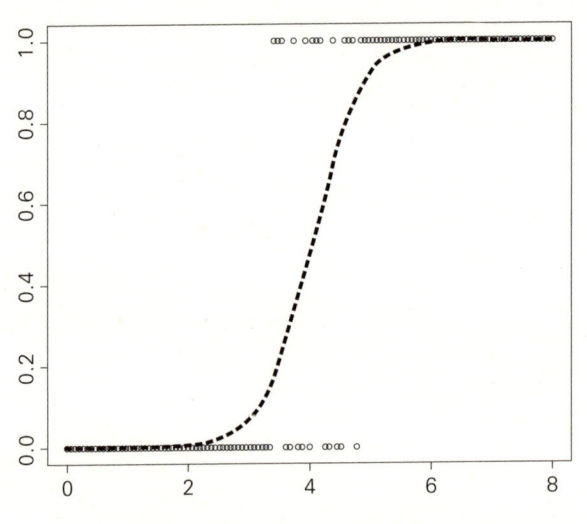

図 6-5 ● ロジスティック回帰を適用した結果

　実際には閾値付近の傾きを急にするなどして、もっと当てはまりの良い「カックン」と0から1に向かって跳ね上がるようなモデルを当てはめることもできます。このようにすることで、1 or 0のような二値ないしカテゴリ変数で表される目的変数[*7]に対しても、回帰できるのがロジスティック回帰の大きな特徴です。

[*7] 多項ロジットというロジスティック回帰の拡張モデルを用いることで、0、1、2……といった3つ以上のカテゴリ変数に対する回帰モデルを推定することも可能です。

6-4 実際にロジスティック回帰をやってみよう

　それでは、サンプルデータに対して実際にロジスティック回帰をやってみましょう。これまではわかりやすさを重視して単回帰ならぬロジスティック「単回帰」のみを取り上げてきましたが、もちろんロジスティック「重回帰」への拡張も可能です。そして重回帰に代表されるような多変量解析がいかに有用かは、すでに第4章でも見てきた通りです。ここではそのロジスティック重回帰をメインに学んでいきます。

　Rでロジスティック回帰を行うには、デフォルトパッケージのひとつである{stats}に含まれるglm関数を用います。この関数の基本的な使い方は以下の通りです。

```
> glm(formula, data, family=binomial)
# formula：formula式（2-7節を参照のこと）
# data：ロジスティック回帰に用いるデータフレーム名
# family："binomial"と指定すること
```

　関数の名前からもわかるように、このglm関数は一般化線形モデル全体を扱っています。ロジスティック回帰を行うにはfamily引数に"binomial"[8]と指定する必要があります。その他は第4章でも見たlm関数と同じです。では、実際のデータでglm関数を試していきましょう。

---

[8] 実は、ロジスティック回帰を行う場合のみcvのような目的変数はnumeric型の1 or 0という二値データでなく、factor型で（例えば）"yes" or "no"というようなカテゴリデータであったとしてもglm関数はモデル推定を行ってくれます。ちなみに多項ロジットモデルを推定する際は目的変数をfactor型にしておく必要があり、さらにglm関数ではなく例えば{VGAM}パッケージに入っているvglm関数を使う必要があります。

6.4.1 通販サイトにおける商品購入率をキャンペーン商品の価格で説明してみよう

eコマースなどの通販サイトで大事な指標として、顧客のコンバージョン（商品購入・予約など）率を重視している企業は大変多いです。ここでは、例えばある通販サイトで特売イベントを行い、食品・雑貨・衛生用品の3カテゴリを30通りに組み合わせて、16,000円均一の売り切り特売キャンペーン商品を売り出したものと想定します。キャンペーン商品の内訳は、例えば表6-3のようなものであったとしましょう。

表6-3 ● 16,000円均一の特売キャンペーン商品内訳

食品	雑貨	衛生用品	価格[円]
北海道産ウニとイクラの詰め合わせ	ブランド陶器セット	高級ブランドバスソルト詰め合わせ	16,000
岩手産生ハムとチーズのセット	有名デザイナーブランド調理器具セット	オーガニック原料のみ使用石鹸詰め合わせ	16,000
但馬牛高級肉の切り落とし	高級食器＆カトラリーセット	フルーツフレーバーのシャンプーバー詰め合わせ	16,000
…	…	…	16,000

いずれも販売価格は同じなので、内訳がいろいろ異なることで、顧客の側が感じる「お買い得感」が変わるということは容易に想像がつきます。そういったさまざまな内訳のキャンペーン商品の購入率のデータから、3カテゴリそれぞれの原価の価格帯と購入率との関係を分析してみましょう。

まず第6章のサンプルデータのうち、"ch6_4_1.txt"をダウンロードしてきて、d1という名前でインポートしておきましょう（p.39参照）。データの最初の5行分を取り出してみると、以下のような内訳になってい

す。原価の高い商品ほど、豪華に見えて顧客からの評価が高くなるとこでは仮定します。

表6-4 ● サンプルデータの内訳

d11 （食品）[円]	d12 （雑貨）[円]	d13 （衛生用品）[円]	cvr （購入率）
4400	5600	2300	0.94
3000	3900	3900	0.05
2700	3900	5400	0.01
4400	4300	3700	0.88
3000	5200	3600	0.27
…	…	…	…

このデータに対して、cvr（購入率）を残りのd11、d12、d13で説明するロジスティック回帰モデルを当てはめるには、以下のようにR上で実行します。

```
> d1.glm<-glm(cvr~.,d1,family=binomial)
```

```
Warning message:
In eval(expr, envir, enclos) : non-integer #successes in a binomial glm!
#　目的変数に連続値データを用いたため、不適切な推定結果が得られる可能性があるという警告が出ている
```

```
> summary(d1.glm)
```

```
Call:
glm(formula = cvr ~ ., family = binomial, data = d1)

Deviance Residuals:
      Min        1Q    Median        3Q       Max
  -1.03739  -0.28188  -0.09022   0.21891   1.57252

Coefficients:
              Estimate  Std. Error  z value  Pr(>|z|)
(Intercept) -4.2249329   4.5516014   -0.928   0.35329
d11          0.0025792   0.0009027    2.857   0.00427  **
d12         -0.0003517   0.0005721   -0.615   0.53867
d13         -0.0007600   0.0007121   -1.067   0.28581
---
Signif. codes:  0 '***' 0.001 '**' 0.01 '*' 0.05 '.' 0.1 ' ' 1

(Dispersion parameter for binomial family taken to be 1)

    Null deviance: 26.0459  on 29  degrees of freedom
Residual deviance:  7.8531  on 26  degrees of freedom
AIC: 23.461

Number of Fisher Scoring iterations: 6
```

　第4章の例と同じようにsummary関数でモデル推定の結果を見てみると、ロジスティック回帰でも偏回帰係数が推定されていることがわかります。この中では、d11（食品）のみが有意かつ正の偏回帰係数を示しているようです。この結果は、第4章の正規線形モデルと同じように「目的変数に対してプラス方向orマイナス方向のどちらに動かす効果があるか」という観点から解釈できます（p.76参照）。

　偏回帰係数を見る限りでは、d11（食品）だけが「目的変数に対してプラス方向に有意に効果がある」。すなわち、「食品カテゴリが高価格帯の商品ほど購入率が高い」し、「雑貨と衛生用品カテゴリについては価格帯による購入率の差はない」という結論になるわけです。同じような詰め合わせであっても、食品カテゴリが豪華なほどお買い得感を感じる顧客が多いということですね。そうすると「できるだけ食品カテゴリに

高い商品を割り当て、他のカテゴリは安い商品でも差し支えない」という施策も立てられる、というわけです。

6.4.2 個々の顧客の購買データからどのキャンペーンページが効果的だったかを説明してみよう

　これは実は第8章で取り上げる「教師あり」機械学習がカバーする範囲のテーマですが、ロジスティック回帰でも同じように分析することができます。一足先取りして、ロジスティック回帰でやってみましょう。

　今度は、あるキャンペーン期間内に通販サイトを訪問した125名の顧客ユーザーに対して、d21〜d26の6通りあるキャンペーンページを表示した（＝1）orしない（＝0）を記録したデータと期間内に商品購入に至った（＝1）or至らない（＝0）を記録したデータがあるとしましょう。ここで知りたいのは、それぞれのページが商品購入というユーザーアクションに貢献したか否かです。

　そこで、第6章のサンプルデータのうち"ch6_4_2.txt"をダウンロードしてきて、d2という名前でインポートしておきましょう（p.39参照）。データの最初の5行分を取り出してみると、以下のような内訳になっています。

表6-5 ● キャンペーンページの表示と商品購入の有無

d21	d22	d23	d24	d25	d26	cv（商品購入の有無）
1	0	1	1	0	1	1
0	1	0	1	1	0	0
1	0	1	0	1	1	1
0	1	0	0	1	0	0
1	0	0	1	1	1	1
…	…	…	…	…	…	…

　ここで、目的変数はズバリcv（商品購入の有無を示すフラグ）[9]

第 6 章 ―コンバージョン率を引き上げる要因はどこに？ ～ロジスティック回帰～

説明変数であるd21～d26は6通りあるキャンペーンページを表示したorしないを示すフラグデータであるとしましょう。このようなデータも、glm関数を用いてロジスティック回帰で以下のように分析することができます。

```
> d2.glm<-glm(cv~.,d2,family=binomial)
> summary(d2.glm)
```

```
Call:
glm(formula = cv ~ ., family = binomial, data = d2)
Deviance Residuals:
      Min        1Q    Median        3Q       Max
  -2.3793   -0.3138   -0.2614    0.4173    2.4641

Coefficients:
            Estimate  Std. Error  z value  Pr(>|z|)
(Intercept)  -1.0120      0.9950   -1.017    0.3091
d21           2.0566      0.8678    2.370    0.0178 *
d22          -1.7610      0.7464   -2.359    0.0183 *
d23          -0.2136      0.6131   -0.348    0.7276
d24           0.2994      0.8368    0.358    0.7205
d25          -0.3726      0.6064   -0.614    0.5390
d26           1.4258      0.6408    2.225    0.0261 *
---
Signif. codes:  0 '***' 0.001 '**' 0.01 '*' 0.05 '.' 0.1 ' ' 1

(Dispersion parameter for binomial family taken to be 1)

    Null deviance: 173.279  on 124  degrees of freedom
Residual deviance:  77.167  on 118  degrees of freedom
AIC: 91.167
Number of Fisher Scoring iterations: 5
```

----

*9 実は、ロジスティック回帰を行う場合のみcvのような目的変数はnumeric型の1 or 0という二値データでなく、factor型で（例えば）"yes" or "no"というようなカテゴリデータであったとしてもglm関数はモデル推定を行ってくれます。ちなみに多項ロジットモデルを推定する際は目的変数をfactor型にしておく必要があり、さらにglm関数ではなく例えば{VGAM}パッケージに入っているvglm関数を使う必要があります。

6つある偏回帰係数のうち、d21、d22、d26のみが統計的に有意で、残りは有意ではないという結果になりました。

　この結果も第4章の例にならって読み解くと、「d21ページとd26ページを見たユーザーほど商品購入に至っている」「d21ページの方がd26ページよりもさらにユーザーを商品購入に促す効果が強い」「d22ページは見たユーザーほど商品購入せずに終わっているので逆効果」というように解釈できます[10]。

　ロジスティック回帰は、広大な一般化線形モデルの世界のほんの入口に過ぎません。まずこの章を読んでロジスティック回帰を使いこなせるようになったら、ポアソン回帰モデル[11]などを含め、より深く学んでいってみてください。

---

[10] ロジスティック回帰の偏回帰係数の解釈としては別に「オッズ比」が有名ですが、その扱い方はやや複雑であるため本書では割愛しました。計算上は例えばR上でexp(d2.glm$coefficients)というように、偏回帰係数の指数関数をとることで求められます。

[11] 正の整数値（カウントデータ）かつおおむね10以下という比較的小さい目的変数に対して用いられる一般化線形モデル手法のひとつ。p.189参照。

Column　データ分析の勉強会に参加してみませんか？

　ビジネスの現場でのデータ分析熱の高まりを反映して、現在さまざまなデータ分析の勉強会が日本はもちろん世界の各地で毎週末開催されています。特に首都圏近辺では老舗ともいえる 2 つのデータ分析業界有志による勉強会がよく知られています。

- **TokyoR（TokyoR 勉強会）**
  https://groups.google.com/forum/#!forum/r-study-tokyo
- **TokyoWebmining（データマイニング＋ WEB ＠東京勉強会）**
  https://groups.google.com/forum/#!forum/webmining-tokyo

　初心者向けの基礎的な内容から、最先端の数理統計学や機械学習のアルゴリズム、はたまた最新のデータ分析向け言語やフレームワークの話題など、さまざまな内容の発表と質疑が行われ、さらには懇親会での参加者同士の交流も盛んです。本書をお読みの皆さんも、ぜひ一度参加してみてはいかがでしょうか？

第 7 章

どのキャンペーンページが効果的だったのか？
〜決定木〜

　これまでの章では、統計学の中の多変量解析に当たるタイプの分析メソッドと、「教師なし学習」であるクラスタリングを見てきました。ここからの第7・8章では、いよいよ**「教師あり学習」**に踏み込んでいきます。しかし、機械学習の本流のメソッドにはいろいろと決まりごとがあり、はじめは取っ付きにくいかもしれません。そこで、この章では手始めとして「決定木」というメソッドを取り上げます。

7-1 決定木から始める機械学習

　機械学習を初めて学ぶ人に、決定木から学び始めることをおすすめする理由はいくつかあります。

1. 名前の通り分類ルールをツリー構造状のプロットで表すことができ、見た目にわかりやすく分析結果を可視化できる
2. そのわかりやすい可視化によって、機械学習でありながら「回帰」と同じようにどのパラメータがどのように＆どれくらい分類ルールに寄与しているかを見積もることができる
3. コンピューターの計算負荷が低く[*1]、大抵はすぐに分析結果が得られる
4. そして、第8章で取り上げる「ランダムフォレスト」という代表的なアンサンブル学習メソッドの基礎となっている

　この章を学ぶに当たって大事なことは、とにかくいろいろなデータで決定木を試してみることです。途中のアルゴリズムの原理の説明がうまく飲み込めなかったとしても、まずは本書のサンプルデータをはじめ、さまざまなデータに対して実践してみましょう。そこで決定木がどのように振る舞うかを観察し、皆さんなりの理解を作っていってみてください。

---

*1 目的変数と説明変数のセットがn個あった場合、決定木のステップごとに最大でもn－1回計算すれば分岐条件を算出できるため、他の機械学習手法に比べて計算時間も少ないとされます。

7-2 「できるだけ外れているものをよけるように」分岐条件の順番を決めていく＝決定木

　決定木は、基本的には教師あり学習の一種です。詳しくはこの後の第8章で説明しますが、簡単にいえば「教師データに従って分類ルールが学習されていく」タイプの機械学習です。目的変数として何かしらのカテゴリ型の学習ラベルが与えられたデータの塊から、ある特定のアルゴリズムのもとで分類ルールが作られていく、というスタイルを取ります。

　ところで、そもそもなぜ決定「木」と呼ばれるのでしょうか？　それは簡単で、分類ルールがまさにツリー（木）構造として表せるからです。実は、決定木自体の分類ルールはプログラミング言語の条件分岐によく似ていて、

※a～hは説明変数の側の不等式などのルール、A～Gは目的変数の分類ルール

```
IF a THEN A                    #aが真のときA
    IF b THEN B                #bが真のときB
        IF c THEN C            #cが真のときC
    ELSE IF d THEN D           #bが偽でdが真のときD
        IF e THEN E            #eが真のときE
        ELSE THEN F            #eが偽のときF
    ELSE IF g THEN G           #b、dが偽でgが真のときG
ELSE h …                       #aが偽でhが真のとき…
```

というような、分岐条件をいくつも重ねたようなルールになるように作られます。

　どのようにしてそれらの分岐条件を定めるか、についてですが、これは厳密に説明しようとすると本書の範囲を超えてしまうのでここでは最

小限の説明にとどめておきます*2。裏でやっていることは非常に単純で、

1. ある基準*3のもとで、そのステップ内での説明変数を網羅的に探索しながら、
2. そのステップにおける目的変数＆説明変数のセットの均質性が高くなるように、できるだけ「外れている」セットを選り分けるような分岐条件を定め*4、
3. 次のステップに進んだら前の分岐で選り分けられたセットに対して同じことを繰り返してまた分岐条件を定め、
4. 一定の条件*5が満たされたら分岐をストップさせ、
5. これを全ての分岐がストップするまで繰り返す

というものです。これをわかりやすく表したのが図7-1です。

---

*2 『はじめてのパターン認識』(平井有三、森北出版) pp.176－183および『イラストで学ぶ機械学習』(杉山将、講談社) pp.93－99がわかりやすくて良いです。

*3 『はじめてのパターン認識』p.182では決定木のオリジナル版ともいえるCARTアルゴリズムで用いられる代表的な基準として、「個々のステップにおける分類誤り率」「交差エントロピー」「ジニ係数」の3つが挙げられています。Rの{mvpart}パッケージのデフォルト設定では、CARTアルゴリズムの原論文で推奨されている通り3番目のジニ係数を選ぶようになっています。

*4 決定木のアルゴリズムでは1.の「ある基準」を「不純度」(impurity)と称し、その不純度が最も大きく減少するような分岐条件をそのステップ内で網羅的に探索するものと定められています。

*5 「これ以上どう分岐させても不純度が下がらない」「末端の分類データ数が1(つまり最小)になるまで」といったルールの決め方があります。特に前者のルールの場合、いきなり最初のステップで全く分岐条件が定められず、分類ルールをひとつも構築できずに終了するケースも実は多いのです。この場合決定木を用いるのは不適切とされます。

「できるだけ外れているものをよけるように」分岐条件の順番を決めていく＝決定木 7-2

```
このステップで最も「外れている」目的変数と説明
変数のセットを判定基準Aに基づいて選び、そのセッ
トを左に、残りを右に分ける
         │
   ┌─────┴─────┐
[基準Aを満たす]  [基準Aを満たさない]
   │              │
これ以上分けられない  このステップで最も「外れている」目的変数と
という条件を満たした  説明変数のセットを判定基準Bに基づいて選び、
のでここで終了      そのセットを左に、残りを右に分ける
                     │
               ┌─────┴─────┐
         [基準Bを満たす]  [基準Bを満たさない]
               │              │
         このステップで最も「外れている」  これ以上分けられない
         目的変数と説明変数のセットを      という条件を満たした
         判定基準Cに基づいて選び、その    のでここで終了
         セットを左に、残りを右に分ける
```

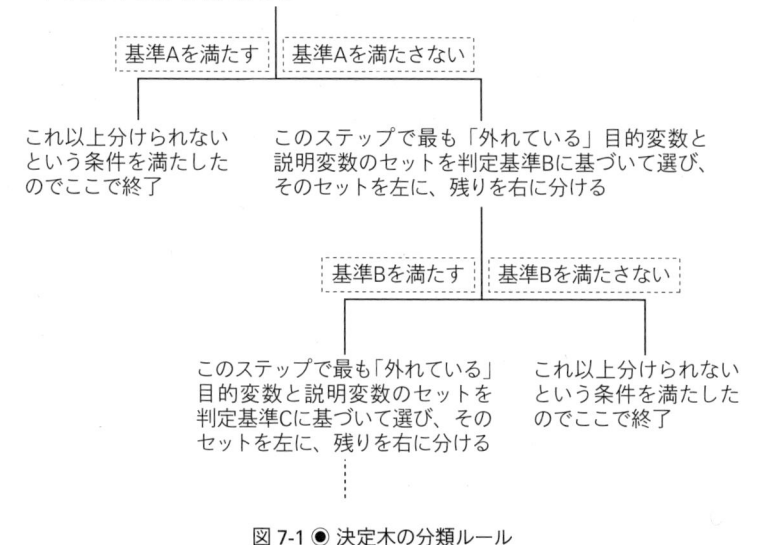

図 7-1 ● 決定木の分類ルール

　まさにツリー構造、決定「木」という感じの出来栄えになりました。ちなみに、このアルゴリズムは「網羅的に説明変数を探索できれば動く」ので、説明変数は数値型でもカテゴリ型でも構いません。実際、Rで実装されている決定木アルゴリズムのほぼ全てが数値型・カテゴリ型どちらの説明変数にも対応しています。

　一般的な決定木においては、ツリー全体を描画した上で、ツリーの途中に選り分けた基準の詳細（例えば「説明変数x1＞4」など）を表示し、ツリーの末端にはそのステップでの最終的な分類結果（例えば「Yesの方が多い＋Yes○個／No△個」など）を表示します。

　参考までに、Rからデフォルトで読み込めるタイタニック号乗客の生存／死亡データセット"Titanic"を、決定木で分類した結果を見てみましょう。元データはクロス集計データですが、乗客の属性別データに直すと表7-1のようになります。

第 7 章 ─ どのキャンペーンページが効果的だったのか？ 〜決定木〜

表7-1 ● 乗客の属性別データ

Class （等級／立場）	Sex （性別）	Age （年齢）	Survived （生死）
Crew（船員）	Male（男性）	Adult（大人）	No（死亡）
1st（1等乗客）	Male（男性）	Adult（大人）	Yes（生還）
3rd（3等乗客）	Male（男性）	Adult（大人）	No（死亡）
2nd（2等乗客）	Female（女性）	Adult（大人）	Yes（生還）
3rd（3等乗客）	Male（男性）	Adult（大人）	No（死亡）
3rd（3等乗客）	Female（女性）	Child（子ども）	Yes（生還）
…	…	…	…

　これを{mvpart}パッケージに入っているrpart関数を用いてSurvived変数を目的変数（学習ラベル）とみなして決定木にかけ、その結果を図示したものが図7-2です。

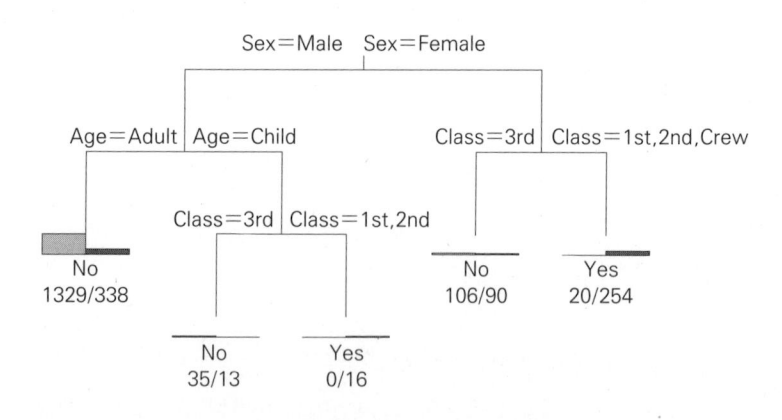

```
              Sex＝Male    Sex＝Female
         ┌──────┴──────┐   ┌──────┴──────┐
    Age＝Adult  Age＝Child  Class＝3rd  Class＝1st,2nd,Crew
       │        │           │              │
       │    Class＝3rd Class＝1st,2nd      │
       │       │         │                 │
      No      No        Yes               No        Yes
   1329/338  35/13     0/16             106/90    20/254
```

図7-2 ● 表7-1のデータの決定木

　分岐ごとに分類基準が、ツリーの末端にそれぞれ「Yes（生還）／No（死亡）のどちらが多かったか」と「Yes／Noそれぞれ何個だったか（ここでは左がNo、右がYes）」が表示されています。全体として、「右」

に寄れば寄るほど生存率が高いようになっています。

　これを見れば「一等・二等・船員で女性」だと生存率が高く、「男性の成人」の生存率が最も低いことがわかります。「女性と子供」「上客」であるほど救命の優先順位が高かったという、歴史の教科書にも載っている通りですね……。ともあれ、決定木を見れば

1. どのような説明変数の条件によって
2. どのようなYes／Noの割合が得られるか

がわかるというわけです。なお、決定木が発明された当初はYes／Noだけの二値分類にしか対応していなかったのですが、現在は#1、#2、#3……といった多値分類にも対応するようになっています。そういった意味でも、決定木は非常に使いやすい教師あり学習メソッドであるといえるでしょう。

　ただし、注意したいのが「決定木は教師あり学習の中では精度で劣る手法」であるという点。第8章で紹介するメソッドに比べて、例えば「予測」などに関してはパフォーマンスの点で及ばないため、むしろ「回帰」に近い使い方をするのがベターです。

7-3　決定木を試してみよう

　それでは、実際に手を動かしてRで決定木を試してみましょう。Rには決定木を実装したさまざまなパッケージがありますが、ここではその代表として{mvpart}を用いることにします[7]。決定木の計算にはrpart関数を用います。この関数の基本的な使い方は次の通りです。

---

[7] 他にも{tree}、{C50}パッケージなどでも決定木を計算することができます。

```
> rpart(formula, data)
# formula: formula式（2-7節を参照のこと）
# data: 決定木を計算するデータフレーム名
```

　実際にはこの計算結果をもとにプロットし、さらに最適化を行っていく必要がありますが、基本的にはこれだけで十分です。では、具体的なデータに対して実践していきましょう。

7.3.1 どのキャンペーンページが効果的だったかを決定木で説明してみよう

　まず小手調べとして、6.4.2節のデータで決定木の基礎を学んでみましょう。サンプルデータ"ch6_4_2.txt"を再びダウンロードしてきて、d1という名前でインポートしておきましょう（p.39参照）。

　6.4.2節ではロジスティック回帰で分析した結果を見ましたが、今回は決定木で分析してみます。なお、データフレームの中のcvカラムは今回は学習ラベルとして扱いたいので、0→"No"、1→"Yes"というようにあらかじめ置き換えておきます。

```
> install.packages("mvpart")
> require("mvpart")
# 結果は省略
> d1$cv<-as.character(d1$cv)
# cvカラムをcharacter（文字列）型に直す
> d1[d1$cv=="1",7]<-"Yes"
> d1[d1$cv=="0",7]<-"No"
# cvが1のときに"Yes"，0のときに"No"に直す
> head(d1)
```

```
  d21 d22 d23 d24 d25 d26  cv
1  1   0   1   1   0   1  Yes
2  0   1   0   1   1   0  No
3  1   0   1   0   1   1  Yes
```

```
4  0  1  0  0  1  0 No
5  1  0  0  1  1  1 Yes
6  1  0  0  1  0  1 Yes
# 変換ができたかどうか確認する
```

```
> d1.rp<-rpart(cv~.,d1)
# cvカラムを目的変数、残りのカラムすべてを説明変数として決定木を計算する
> d1.rp
```

```
n= 125
# サンプルサイズは125
node), split, n, loss, yval, (yprob)
      * denotes terminal node
# 結果出力の凡例
# node: ノード（ステップ）、split: 分岐条件
# n: その分岐で扱ったサンプルの個数、loss: 誤って分類された個数
# yval: 分類結果（学習ラベルのどちらに分類されたか）
# yprob: 最終的な分類確率
# *は終端ノード
 1) root 125 62 No (0.5040000 0.4960000)
   2) d21< 0.5 58  5 No (0.9137931 0.0862069) *
   3) d21>=0.5 67 10 Yes (0.1492537 0.8507463)
     6) d22>=0.5 7  3 No (0.5714286 0.4285714)
      12) d24< 0.5 3  0 No (1.0000000 0.0000000) *
      13) d24>=0.5 4  1 Yes (0.2500000 0.7500000) *
     7) d22< 0.5 60  6 Yes (0.1000000 0.9000000) *
```

　これでは見づらいので、plot関数とtext関数を用いて決定木のツリー構造を描画してみましょう。{mvpart}にはそれぞれplot.rpart、text.rpartというrpart関数の出力オブジェクトを描画するためのメソッド[8]が実装されており、簡単にプロットできます。

---

[8] Rにはオブジェクト指向プログラミングの仕組みも備わっており（S3／S4クラスなど）、引数として与えるデータのクラスに応じて自動的にメソッドが選択されるようになっています。{mvpart}のrpart関数の出力はrpartクラスとして与えられ、これをplot関数に引数として渡すと自動的にplot.rpartメソッドが選択されます。

第 7 章―どのキャンペーンページが効果的だったのか？　〜決定木〜

```
> plot(d1.rp,uniform=T,margin=0.2)
# 決定木をプロットする
# uniform引数をT (True)にするとツリー分岐の縦の間隔が一定に調整される
# {mvpart}の決定木プロットは描画領域からはみ出しやすいので、margin引数で
  マージンを大きめに調整する
# ここでは割愛したが、branch引数でツリーの開き具合も調整できる

> text(d1.rp,uniform=T,use.n=T,all=F)
# plot.rpartメソッドだけではツリー構造が描画されるだけ
# そこでtext.rpartメソッドで分岐条件や終端ノードの詳細を描画する
# uniform引数はplot.rpart関数のものと一致させないと表示が乱れる
# use.n引数をTrueにすると終端ノードの分類「個数」も表示される
# all引数をTrueにすると分岐ごとに分類「個数」など終端ノードと同じ情報を表
  示する
# ここでは単純のためF (False)にしてある
```

```
                d21＜0.6   d21＞＝0.5
                ┌───────────┴───────────┐
                                    d22＞＝0.5   d22＜0.5
                                    ┌───────────┴───────┐
               No              d24＜0.5   d24＞＝0.5
              53/5             ┌─────────┴─────────┐
                                                                    Yes
                                                                    6/54
                              No          Yes
                              3/0          1/3
```

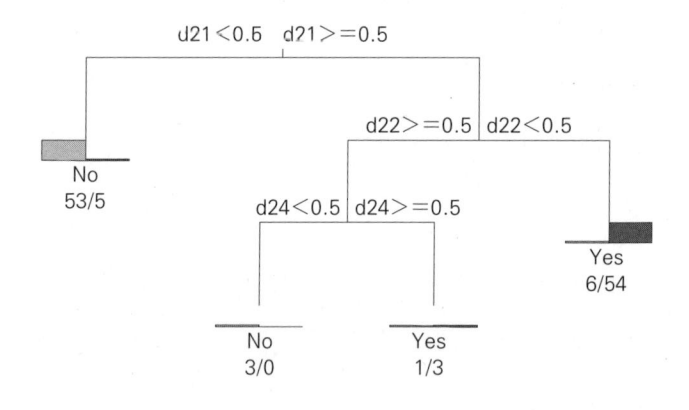

図 7-3 ● 6.4.2節のデータの決定木のツリー構造

　このように表示されるはずです。ところで、6.4.2節で見た結果とはちょっと異なっていると思いませんか？　ロジスティック回帰の結果ではd21、d22、d26の寄与度が強かったはずですが（p.116参照）、決定木の結果ではd21、d22、d24の寄与度が強かったということで、d26がd24に取って代わられています。理由はいろいろ考えられますが、最も

大きな点として「線形分離可能か否か」というポイントが挙げられます[*9]。ただしこのポイントはこの章の話題から外れますので、第8章で改めて論じることにしましょう。

ところで、実はこの結果はまだ「生の結果」に過ぎません。機械学習の多くは分類性能を定めるパラメータの選び方次第で容易に分類性能が変化してしまいます。例えば「オーバーフィッティング（過学習）」[*10]は代表的な問題点のひとつです。このため、パラメータをチューニングすることで、分類性能を最適化する必要があります。その詳細は第8章で改めて触れるとして、ここではrpart関数による決定木の分析結果を最適化、すなわち枝を剪定（pruning）する方法を紹介しましょう。先に計算した結果のd1.rpに対して、以下のようにしてみましょう。

```
> plotcp(d1.rp)
```

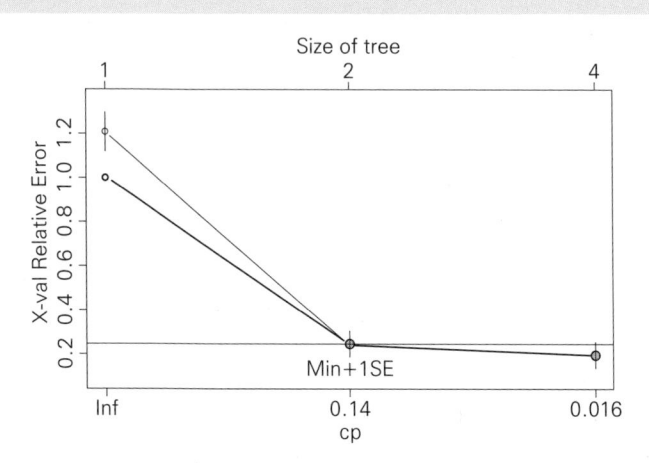

図7-4 ● CP と CV 誤差の関係

[*9] 詳しくは第8章で述べますが、機械学習の観点から見るとロジスティック回帰は「線形分離可能パターン」のケースで効果的なメソッドである一方、決定木は「線形分離不可能」パターンでも正しく機能するメソッドであるといえます。

[*10] これを一言で表せば「必要以上に細かいモデルになってしまうこと」です。機械学習においては極めて重要な概念のため、第8章で改めて触れます。

第 7 章 ─どのキャンペーンページが効果的だったのか？　〜決定木〜

　plotcp関数は分類性能の評価法のひとつである「交差検証法（Cross Validation：CV）」を用いて、決定木の枝の数を変化させながら、決定木の木を繁らせるためのパラメータのひとつである「複雑性パラメータ（Complexity Parameter：CP）」の値とCV誤差（xerror：図中X-val Relative Errorと表示されている値）との関係をプロットするものです。

　一般に、枝の数を決める基準として、xerrorの最小値からその標準偏差ひとつ分の範囲内で最大のxerror値（Min＋1SE）を選び、それに対応する枝の数を採るものとされています。図7-4を見ると、その値を示すマークが明るい色（本書ではグレー）の円で塗りつぶされていますね。枝の数は2が最適で、対応する値としてCP＝0.14であることがわかります。この値を改めてrpart関数に与えつつ決定木を計算することで、最適な結果が得られると期待できます。

```
> d1.rp2<-rpart(cv~.,d1,cp=0.14)
> plot(d1.rp2,uniform=T,margin=0.2)
> text(d1.rp2,uniform=T,use.n=T,all=F)
```

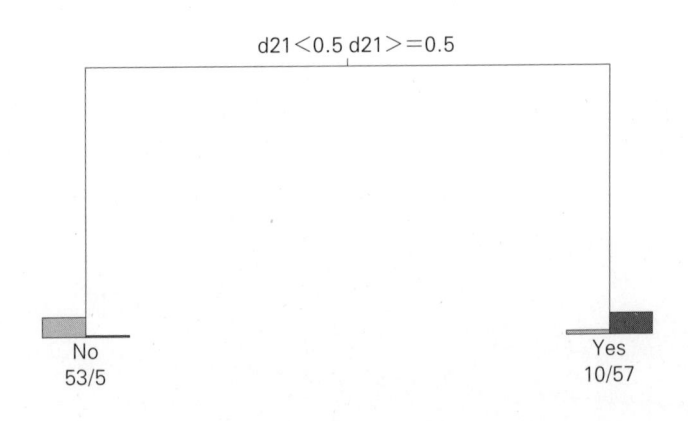

図7-5 ● 枝の数を2、CPを0.14と指定した結果

だいぶすっきりして、d21だけが全体の分類には重要だという結論になりました。このように決定木を剪定することで汎化能力（generalization ability）が増す、と機械学習の分野ではいわれますが、これまたその詳細は第8章に譲ることとしましょう。

　ただし、一般にマーケティング分析などの現場では「できるだけ細かくどの要素が重要か知りたい」というようなケースも多いので、そのようなケースでは無理に剪定する必要はないともいえます。できるだけ結論をシンプルにしたければ積極的に剪定し、逆にできるだけ細かく分析したければ剪定しない、というフレキシブルな対応も必要でしょう。

7.3.2 どのようなカテゴリの商品やキャンペーンがリピーター増につながるかを分析する

　前の節ではYes／Noのような二値分類データの目的変数に対して、1／0のようなやはり二値のフラグデータの説明変数を持つデータセットを用いて、決定木の計算を行ってきました。

　今度は、さまざまなデータ型が混じった説明変数と二値分類データの目的変数からなるデータセットに対して、同様に決定木を用いて分析を行ってみましょう。サンプルデータ"ch7_3_2.txt"をダウンロードしてきて、d2という名前でインポートしておきましょう（p.39参照）。

　表7-2のデータは、あるECサイトにおける個々の顧客300人分の購買データと、キャンペーンページへのアクセスデータがミックスされたものです。

第 7 章 ─どのキャンペーンページが効果的だったのか？ ～決定木～

表 7-2 ● 顧客 300 人分の購買データとキャンペーンページへのアクセスデータ

v1 [円]	v2 [円]	v3 [円]	c1	c2	c3	retention
1900	5900	3800	0	0	1	No
2900	0	6600	1	0	0	Yes
2600	0	4100	1	0	1	Yes
3200	0	5100	1	0	0	Yes
2200	0	5600	0	0	1	No
5100	0	4200	1	0	1	Yes
…	…	…	…	…	…	…

v1：書籍、v2：酒類、v3：ゲームソフト、c1：キャンペーン1、c2：キャンペーン2、c3：キャンペーン3、retention：翌月リピートの有無

これも同じように、rpart関数で決定木を計算することができます。

```
> d2.rp<-rpart(retention~.,d2)
> plot(d2.rp,uniform=T,margin=0.2)
> text(d2.rp,uniform=T,use.n=T,all=F,cex=2)
```

実際にやってみると図7-6のようになるはずです。

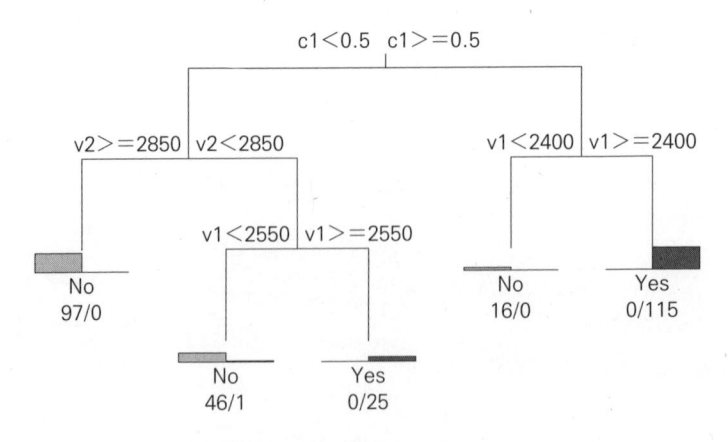

図 7-6 ● 表 7-2 のデータの決定木

興味深いことに、キャンペーンページ1にアクセスしていて（c1＞＝0.5）、なおかつ書籍を2400円以上購入（v1＞＝2400）した顧客は翌月もリピートしている割合がもっとも高い一方で、書籍の購入額が2400円に満たない（v1＜2400）顧客はリピートしていない、という結果になっています。

またキャンペーンページ1にアクセスしていなくても（c1＜0.5）、酒類の購入額が2850円未満で（v2＜2850）なおかつ書籍の購入額が2550円以上（v1＞＝2550）の顧客はリピートしていて、そうでない顧客はほとんどリピートしていないこともわかります。

総合的に見ると、キャンペーンページ1（c1）にアクセスしていて書籍の購入額（v1）が高い顧客の方がリピート率は高く、逆に酒類の購入額（v2）が高い顧客のリピート率は低いということがいえそうです。となると、例えばですが

1. キャンペーンページ1には顧客を惹き付ける要因がある
2. 書籍カテゴリは購入すればするほど顧客満足度は上がる
3. 逆に酒類カテゴリは購入額が高いほど顧客満足度が低い（高額な酒類に対する満足度が特に低い可能性がある）

というようなことが読み取れるともいえます。このように、施策ベースでのデータの読み取りがやりやすいのも決定木の特徴であるといって良いでしょう。

7-4 決定木で回帰分析をすると「回帰木」になる

ところで、「決定木」はカテゴリ型の目的変数[*11]から分類ルールを作るというものでした。では、数値型の目的変数[*12]には使えないのでしょうか?

実は、分岐の判定基準を変えれば全く同じように使えます。目的変数が数値型となっているものは、「回帰木」と呼びます。第4章の正規線形モデルで用いたサンプルデータ"ch4_3_2.txt"(p.81参照)を再びダウンロードしてきて、d3という名前でインポートしておきましょう(p.39参照)。

{mvpart}のrpart関数は、目的変数のデータ型に応じて自動的に分岐の判定基準を調整し、決定木と回帰木とを使い分けるようになっています。このデータに対しても、以下のようにすることで容易に回帰木の結果が得られます。

```
> d3.rp<-rpart(Revenue~.,d3)
> plot(d3.rp,uniform=T,margin=0.2)
> text(d3.rp,uniform=T,use.n=T,all=F)
```

[*11]「離散値」であるともいえます。
[*12]「連続値」とあるともいえます。

7-4 決定木で回帰分析をすると「回帰木」になる

```
                        Temp<36.5 Temp>=36.5
                    ┌──────────────┴──────────────┐
              Temp<27.5 Temp>=27.5            54.746
          ┌────────┴────────┐                  n=2
     CM<159.5 CM>=159.5  Firework<0.5 Firework>=0.5
      ┌────┴────┐         ┌────┴────┐    ┌────┴────┐
 Temp<25.5 Temp>=25.5  CM>=139.5 CM<139.5 CM<138.5 CM>=138.5
   ┌──┴──┐    39.652
   │     │     n=2
 33.182 36.37              39.507  45.898  43.955  47.622
  n=3    n=2                n=11    n=3     n=2     n=5
```

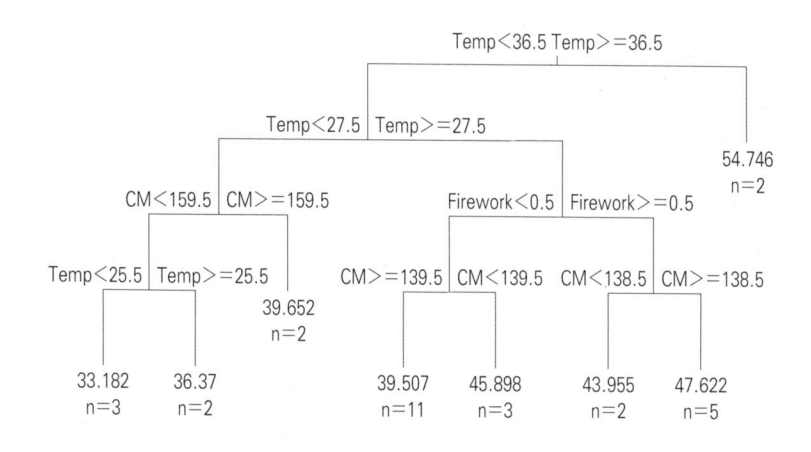

図7-7 ● 4.3.2節のデータの回帰木

　決定木のときとは異なり、回帰木では終端ノードの目的変数の「平均値」「個数」のみが表示されますが、"Temp"すなわち気温が36.5℃以上（Temp＞＝36.5）だと最も売上が高くなるという、第4章の正規線形モデルのケースと同じ結論が得られています。

　ただし、正規線形モデルとは異なり「分岐条件」の形で回帰結果が表示されているので、別の読み取り方も可能です。例えば気温が36.5℃未満（Temp＜36.5）であっても、27.5℃以上（Temp＞＝27.5）でなおかつ花火大会が近隣で開かれ（Firework＞＝0.5）、CMの放送コスト（GRP）が138.5以上（CM＞＝138.5）であれば、やはり売上が高くなるということがわかります。

　決定木も回帰木も、どちらかというと「目で見て結果がわかりやすい」ことを優先しているため、厳密性という点で優れたメソッドとはいい難いのですが、そのわかりやすさは実際のビジネスの現場での意思決定に大きく役立つはずです。他のメソッドと長所短所を見比べながら、うまく使いこなしてみてください。

Column　Rの次は何を勉強するべき？

　本書ではRにターゲットをしぼってデータ分析の実践方法を紹介していますが、もちろん世の中Rだけでデータ分析のすべてをこなせるわけではありません。データの抽出であったり、前処理であったり……。

　そこで、ここではRを入口としてデータ分析の世界に飛び込んできた読者の皆さんのために、データ分析における有用性という観点から「次に何を勉強するべきか」を簡単にリストにしてみました。本書の内容なんて簡単すぎてもう頭に入っちゃったよ！　という方は、ぜひチャレンジしてみてください。

- **Python**：言わずと知れた汎用的なスクリプト言語ですが、Rと同じくらい各種数値計算ライブラリ・パッケージが充実しており、特に機械学習分野では人気が高いです。トップカンファレンスで発表されるような最新のデータ分析アルゴリズムも最初にPythonで実装例が公開されることが増えてきているようです（2013年に話題を呼んだニューラルネットワーク型自然言語モデル"word2vec"もPython実装がいち早く公開されています）。また汎用性の高さゆえ、データの前処理などでも多用されます。

- **Java**：これまた言わずと知れた汎用的なコンパイラ言語ですが、Hadoop（2014年現在最も多用されている大規模分散処理データ基盤）を構築している言語でもあるため、特に大規模データ分析を行う際には必須と言えます。

- **SQL**：要するにデータベース言語。MySQL、PostgreSQL、Hive（Hadoop上で動く）などバリエーションが多数ありますが、いずれにせよデータベースからのデータの前処理＆抽出には欠かせないものです。

- **Julia**：2012年にオープンソースとしての提供が開始されたスクリプト言語で、高水準の科学的計算処理も可能。ゆくゆくはR／Pythonの後継言語になるとも噂されています。

第 8 章

新規ユーザーの属性データから今後のアクティブユーザー数を予測しよう

～SVM／ランダムフォレスト～

　いよいよ本書で取り上げるデータマイニングも佳境に入ってきました。この章では機械学習の総仕上げとして、「教師あり学習」を取り上げていきます。その中でも、現代の機械学習における定番ともいえる「サポートベクターマシン（SVM）」と「ランダムフォレスト」という2つのメソッドがこの章の主役です。

8-1 機械学習とはどういうもの？

まずは、ここで改めて「機械学習とはどういうものか」について学んでいきましょう。すでに第7章の決定木で、ある程度教師あり学習について学びましたが、ここでは少々まわり道をして機械学習の全体像について簡単に触れていきます。

なお、本書では読者の皆さんにわかりやすく伝えるため、機械学習の概念についての説明は直感的に理解しやすいようにかみくだいた表現に改め、さらに機械学習のメソッドたちを学術的に厳密な分類とは多少異なるカテゴリに分けています。より詳しくかつ学術的に厳密なポイントについて学びたい方は、巻末に上げた参考文献をお読みください。

8.1.1 | 教師あり学習

第7章で決定木を取り上げた際にも触れましたが、**「教師あり学習」**（Supervised Learning）とは「"このようなクラス分類結果にすべき"という基準になる学習データを与えられた上で、そのような結果になるように分類パラメータを調整する」アルゴリズムに基づく機械学習のことです。そのような機械学習を用いることで、今はまだ手元にない未知データに対しても、期待通りのクラス分類結果が得られるものと期待されます。

教師あり学習のコンセプトとして、「（例えば二値分類の場合）クラス1とクラス2はそれぞれ異なる分布を持つ母集団から得られたものである」という仮定を置くのが通例になっています。これを直感的に理解するため、図8-1のようなイメージを思い描いてみましょう。

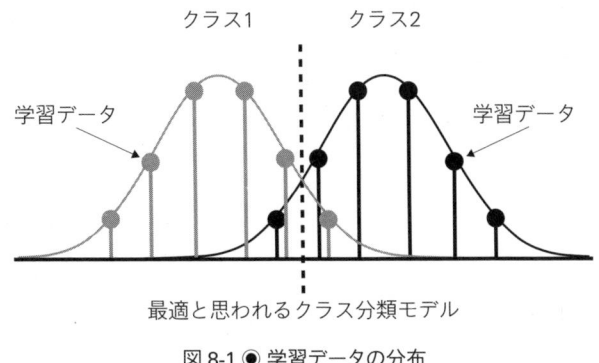

図 8-1 ● 学習データの分布

　学習データとして図8-1に示すようなサンプルを持ってくることができれば、パフォーマンスに優れた機械学習モデルが作れると期待できますね。もちろん、図中にもあるようにこの2つのクラスの山の間に垂直二等分線を引けば、「学習データに対して最適な」クラス分類モデルになるはずです。
　ここで、仮に未知データがこのクラス1、クラス2の母集団と同じように分布しているとしたら、このクラス分類モデルは「未知データに対しても最適な」モデルになります。

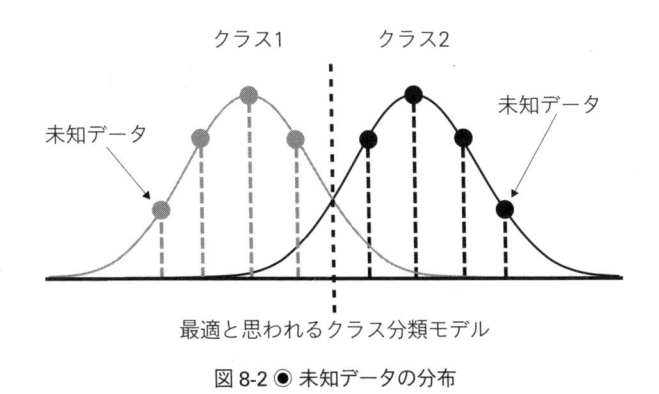

図 8-2 ● 未知データの分布

このような「**学習データのクラス分類と未知データのクラス分類の分布は同じである**」という大前提は、教師あり学習における最重要ポイントなので、しっかり覚えておきましょう。大抵の場合、教師あり学習の成否は学習データの選び方（≒未知データに対する前提の置き方）に大きく左右されるので、何よりもまずそこに神経を使うことが大切です。

さらに、クラス分類モデルの性能を調べるための手法として交差検証法（Cross Validation：CV）というものがあります。これは、学習データの中からランダムに一部を取り出し[*1]、これを除いたデータでクラス分類モデルを推定した後で、その一部のデータに対してクラス分類モデルを当てはめてみて、正答率が高ければ良しとするというものです。こうすることによって、学習データに含まれるノイズにまで追従してしまうような、いわゆる「**オーバーフィッティング（過学習）**」を起こしていないかどうかを調べることもできます。

ところで、分類パラメータの調整方法に従って、教師あり学習は大まかにいって以下の3種類に分けられます。

1. 識別モデル

単純パーセプトロン[*2]、ニューラルネットワーク[*3]、サポートベクターマシン（SVM）、Passive-Aggressive法[*4]など

[*1] 「毎回ひとつだけサンプルを取り出して残りで学習モデルを推定する」作業をサンプルの個数分だけ繰り返し、その正答率で学習手法の性能を判定するleave-one-out（ひとつ外し）法というやり方がよく知られています。

[*2] もともとは1セットの入力神経細胞層＋ひとつの出力神経細胞から成る神経回路モデルを模した最も単純な識別モデルで、ほとんどの識別モデルがこの単純パーセプトロンの発展形として作り出されています。図8-3にその概念を示してあります。

[*3] 単純パーセプトロンに1セットの中間層を挟み、いわゆる「逆伝播」（back propagation）学習ルールによって非線形分離問題を解決可能にしたものです。

[*4] クラス分類に「よりはっきり分類される」具合を加味した手法で、Eメールサービスの重要メール判定などに用いられています。

2. 生成モデル
ナイーブ（単純）ベイズ分類器[*5]、ベイジアンモデリング各種（混合分布モデル）[*6] など

3. 樹木モデル
決定木、回帰木など

　ひとつ目の識別モデルは、何かしらの境界線（面）[*7]を仮に定め、学習データに従ってその識別境界がベストのクラス分類結果を返すようにパラメータを調整していく方法論です。簡単にいえば「直線or平面でYes／Noというクラスを持つサンプルをバッサリと切り分けることで分類する」手法なのですが、これはむしろ視覚的なイメージで見た方がわかりやすいでしょう。

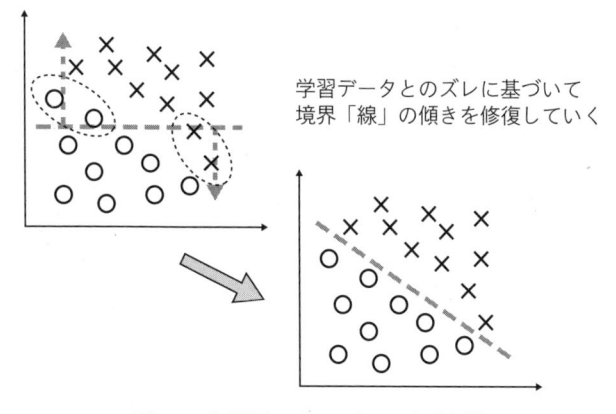

学習データとのズレに基づいて
境界「線」の傾きを修復していく

図8-3a ● 識別モデルのイメージ（直線）

[*5] SPAMフィルタに用いられることの多い、高速かつ軽負荷でベイズの法則に従って学習するアルゴリズムです。いわゆるベイジアンモデリングとは実は似ても似つかない簡易なメソッドである点に注意。

[*6] 後の教師なし学習の項でも触れるような、事前分布〜尤度〜事後分布の枠組みに基づき「確率分布」の形で全ての入出力データを扱う体系です。こちらも第10章で簡単にその内容について触れています。

[*7] 「決定境界」（decision boundary）と呼ばれます。

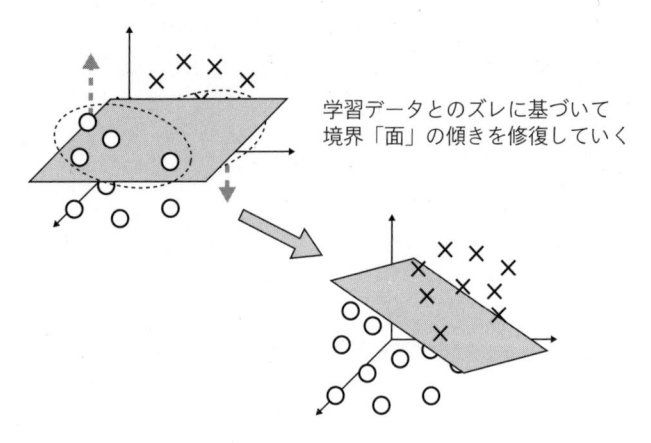

図 8-3b ● 識別モデルのイメージ（平面）

　なお、この境界は「線」「面」とは限らず、たくさんの説明変数をともなう多次元データであれば「超平面」（hyperplane）となります。未知データに対しては、この超平面を数理的に当てはめてみた上で、超平面から見てYes側／No側のどちらであったかによってどちらのクラスに分類されるかを「予測」します。

　図8-3で挙げた例は最もシンプルな識別モデルである単純パーセプトロンを表したものですが、その他の手法も大半がこの考え方を踏襲しています。

　2つ目の生成モデルは、学習データと（分類結果としての）出力データとが一致する確率の分布[*8]をモデリングすることで、分類結果をあくまでも確率分布として予測していく方法論です。本書ではこのカテゴリは扱いませんので、興味のある方は巻末の参考文献などで学んでみてください。

　3つ目の樹木モデルは、決定木や回帰木のように、ステップを踏みながら学習データを網羅的に条件分岐させていくことで、より正確に学習

[*8]「結合確率分布」（joint probability distribution）と呼ばれます。

データに忠実な分類ルールを作っていくという方法論です。これについてはすでに第7章で取り上げていますので、ここでは割愛します。

8.1.2 | 教師なし学習

一方、「**教師なし学習**」（Unsupervised Learning）は、学習データのサンプル間の距離や類似度、はたまた統計的な性質などに基づいて、クラス分類を自動的に作り出すという方法論です。第5章で取り上げたクラスタリングはまさにこの教師なし学習の典型例であるといえます。

ちなみに、教師あり学習の節で取り上げた「生成モデル」のうち、ベイジアンモデリングの各メソッドは教師なし学習として用いられることの方が多いです。本書では全ては取り上げませんが、例えば混合分布モデル（EMアルゴリズム：第5章で取り上げています）、混合ディリクレ過程、潜在ディリクレ割り当て（Latent Dirichlet Allocation：LDA）、隠れマルコフモデルなどが該当します。

実は、データマイニングという言葉はときどきこの教師なし学習のことを指して使われることがあります。理由は単純で、「データを掘って（学習データなどにとらわれずに）まだ見知らぬクラス分類を探し出す」という意味合いがあるからです。特にベイジアンモデリングの多くはそのような意味合いのもとで使われることが多く、現代のデータマイニングにおいて非常に重要な地位を占めています。

8-2 サポートベクターマシン（SVM）：「美しく」分類する機械学習の王様

では、ここからはいよいよ本題のサポートベクターマシン（Support Vector Machine：以下SVM）について学んでいきましょう。図8-3で例に挙げた単純パーセプトロンに対して、SVMは2つ重要な概念を加え

たものです。それは、

1. マージン最大化
2. カーネルトリック

というものです。これらの数理的表現は非常に複雑なので[*9]本書では割愛しますが、以下に簡単にそのコンセプトを紹介しておきます。

まずひとつ目のマージン最大化は、ものすごく大ざっぱに表現すると「2つの分類クラス間の距離をできるだけ広く取る」[*10]というものです。これをわかりやすく図示すると図8-4のようになります。

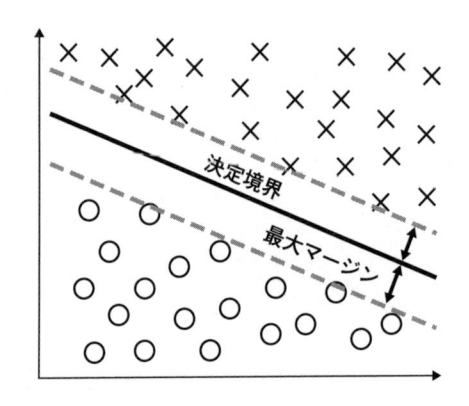

図8-4 ● マージン最大化のイメージ

基本的には、この原理を数理的に表現した上で[*11]、さらにさまざま

[*9] 実際には式そのものが複雑というよりも、根本となるアイデアを数理的に表現した後に式変形してプログラミング言語で表現可能な形に直すまでが大変といった方が正確かもしれません。その詳細は例えば『サポートベクターマシン入門』(ネロ・クリスティアニーニ他、共立出版)や『はじめてのパターン認識』(平井有三、森北出版)第8章(pp.114－134)をご参照ください。

[*10] ある程度正確に書くと「2つの分類クラスの各クラスのサンプルについて原点から決定境界に向かって射影した長さの差の最小値」として与えられます。

[*11] KKT(Karush-Kuhn-Tucker)条件と呼ばれる最適化問題です。

な数理面でのテクニックを当てはめることで*12、プログラミング言語で記述可能なSVMのアルゴリズムにたどり着きます。

しかし、これだけではまだSVMの真価を理解したとはいえません。この段階におけるSVMは、そのもととなった単純パーセプトロン同様に「線形分離可能」（linearly separable）と呼ばれる、境界「線」「面」でまっすぐ切り分けられるパターン（図8-4のようなパターン）にしか対応できないことが知られています。言い換えると、「線形分離不可能」（linearly inseparable）と呼ばれる、まっすぐな「線」「面」では切り分けられない問題には手も足も出ないわけです（図8-5）*13。同じ欠点は実はロジスティック回帰にもあり、厄介な問題です。

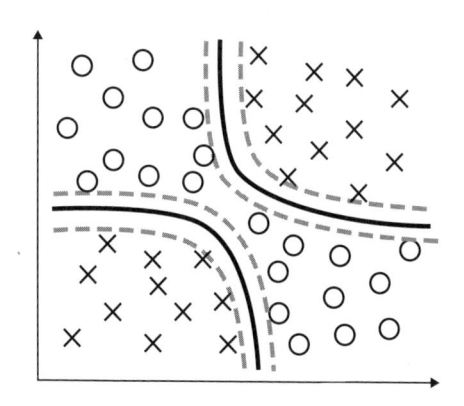

図8-5 ● 線形分離不可能なデータ

これを解決するためにSVMに導入されているのが、2つ目のカーネルトリック*14という数理的テクニックです。簡単にいえば、「データを数理的に変換することで強制的に線形分離できる形にデータの見かけを

---
*12 最も重要なポイントとしてラグランジュの未定乗数法が挙げられます。これは、ある制約条件のもとで不等式の最大値（最小値）を求める際に有用な数理的テクニックです。SVMのアルゴリズムは、実はこのラグランジュ乗数を求める問題に帰着します。
*13 実は、ニューラルネットワーク（逆伝播学習則）では中間層を導入することで超平面を「曲げ」て、線形分離不可能問題に対応できるようにしています。

第 8 章 ― 新規ユーザーの属性データから今後のアクティブユーザー数を予測しよう　～SVM／ランダムフォレスト～

変えてしまう」[*15]というものです。

　わかりやすい例として以下の2次元データを考えてみます。これはどう見ても境界「線」では○と×とを切り分けられませんね。明らかな線形分離不可能パターンです。

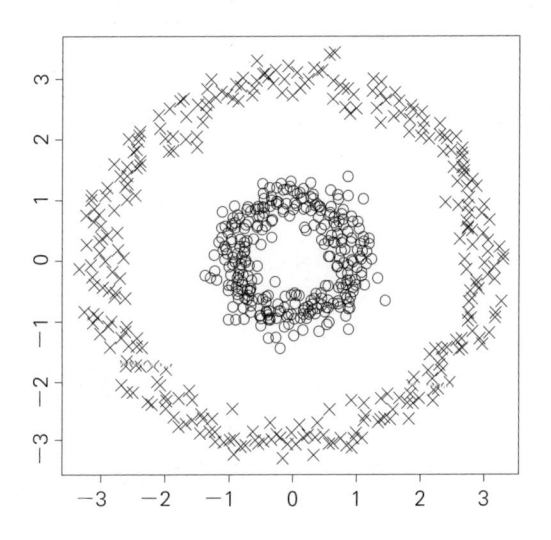

図 8-6 ● 境界「線」では○と×を分けることができない

　そこで、これを「ガウシアンカーネル」[*16]と呼ばれるカーネル関数を用いて3次元空間に変換してみます。そうすると……

[*14] SVMの文脈ではカーネルトリックと呼ばれますが、カーネルを用いて非線形空間を線形写像に変換して問題を解きやすくする方法全般をカーネル法と呼びます。また極めて大ざっぱな説明ですが、それらのカーネルで表される高次元空間を再生核ヒルベルト空間（Reproducing Kernel Hilbert Space：RKHS）と呼び、さまざまなデータマイニング手法で複雑なデータセット＆複雑な関数形で表される問題に対応するための数理的テクニックとして多用されています。

[*15] 「写像」というキーワードで覚えておきましょう。

[*16] 一般にはradial basis function kernel（放射基底関数カーネル）と呼ばれます。

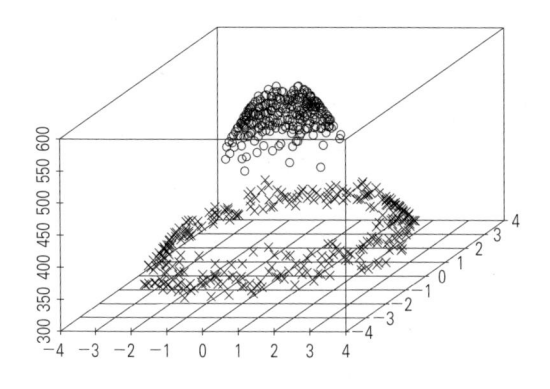

図 8-7 ● 図 8-6 を 3 次元空間に変換

　一目瞭然ですね。これなら、境界「面」で 3 次元空間上方に寄せられた○と下方に寄せられた×とを簡単に切り分けることができます。実際にこのカーネルトリックに基づいて、SVM で決定境界を推定した結果が図 8-8 です。

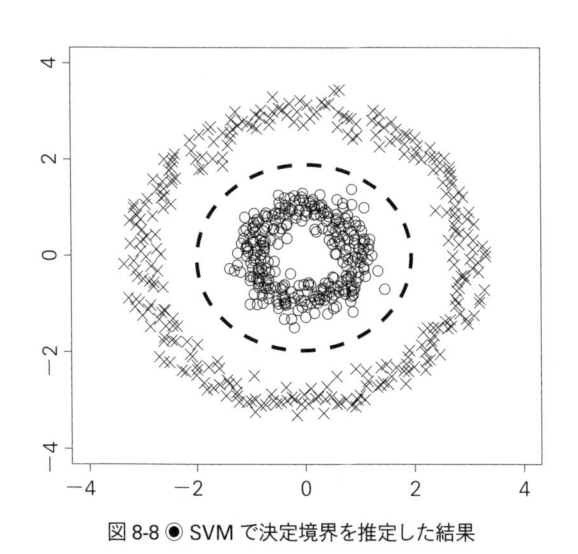

図 8-8 ● SVM で決定境界を推定した結果

同心円状に分布する○と×の間に、ちょうど○と×から等距離を取る位置に同心円として決定境界（破線）が推定されています。図8-7に置き換えてみると、○と×が輪郭をなす円錐のちょうど真ん中でスッパリ水平に切る「面」の、切り口に対応するような形になっています。

SVMは「マージン最大化」と「カーネルトリック」という2つの原理を導入した結果、「なめらかな」決定境界を与える性質を持つようになりました。これは実データを学習データとして利用する際に混入しがちなノイズがもたらす過学習を抑え、真の値をよく反映する安定したクラス分類結果を得やすいということを意味します。

一般に、その「真の値」こそが得てして未知データの特徴を反映していることが多いため、そのような安定した結果の得やすさを機械学習の世界では「汎化能力（性能）」（generalization）と呼びますが、SVMは汎化能力の高い機械学習分類器としても知られています。

それら2つの重要な原理が数理的に統合され[17]、さらにこれを高速で解くアルゴリズムが開発されたことで[18]、SVMは2000年以降広く普及するようになりました[19]。現在では多くのプログラミング言語のライブラリ・パッケージとして実装されており、誰もが簡単に使うことができます。その点で、SVMはまさに機械学習の王様といって良いでしょう。

---

[17] Vladimir N. Vapnikが1995年に提案したのがこの両者を統合したSVMのアルゴリズムで、その後さまざまな派生形が生まれています。

[18] John Plattが1998年に提案したSequential Minimal (or Maximal) Optimization／SMOというアルゴリズムで、計算負荷が低く収束が速いことから現在でも広く用いられています。

[19] 実は筆者が大学の情報工学系の学部生だった頃（1997〜2000年）は、SVMはまだ一般には普及しておらず、後々勉強し直す羽目になったのでした……。

8-3 ランダムフォレスト：コンピューターの進歩が生み出した機械学習の若きスター

　ランダムフォレスト（ランダムな森）……不思議な名前ですよね。中にはこの名前を聞いて「？？？」と思った方も少なくないかもしれません。これは、実は計算機シミュレーションで作り出された多数の決定木や回帰木を組み合わせることで構成されるメソッドなのです。「木」がたくさん揃うので「森」になるという、何ともユーモラスなネーミングだと思いませんか？

　機械学習という方法論には、SVMのような極めて厳密な数理的基礎に支えられた一品もののメソッドもあれば、他方でいくつものメソッドを巧みに組み合わせることで総合的なパフォーマンスを向上させようという「セット販売」もののメソッドもあります。

　特に後者の例として「アンサンブル（集団）学習」という枠組みが知られています。これは、学習データから何百～何千回もランダムサンプリングしたデータ[20]に対して毎回何かしらの「弱学習器」と呼ばれる計算負荷の低い機械学習メソッドを当てはめ、その結果生成される何百～何千個もの機械学習分類モデルを（例えば）単純に平均することで、ノイズに強くかつパフォーマンスに優れた機械学習分類モデルを得ることができる、というものです。

　そこで、弱学習器に決定木・回帰木を利用し、さらにランダムサンプリングする際に説明変数も全て使わずあえてランダムに少ない個数だけ選ぶことによって[21]、全体としてのノイズ耐性とパフォーマンスを高めたのが「ランダムフォレスト」です。これを模式図にしたのが図8-9です。

---

[20] いわゆる「ブートストラップ法」です。
[21] 毎回ランダムサンプリングされた学習データ同士の相関を下げることによって、学習の偏りを避けることができるという仕組みです。

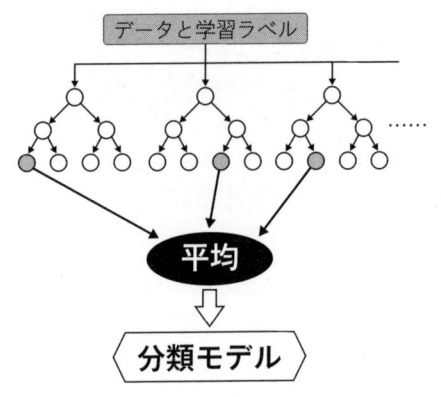

図8-9 ● ランダムフォレストの模式図

　もともと計算負荷が低く取り回しの良い決定木・回帰木を使っているため、ランダムフォレストは比較的マシンにやさしい機械学習メソッドであるともいえます。
　また、基本的には個々の説明変数すべてをチェックしながらモデリングする手法である決定木・回帰木の発展形ということで、重回帰分析における偏回帰係数によく似た「変数重要度」というインデックスで、どの説明変数がどれくらいモデリングに寄与しているかを知ることができるのも大きな特徴です。
　ランダムフォレストの分類がどのように行われているかをつかむために、図8-6のデータをランダムフォレストで分類してみた結果が図8-10です。
　細かく学習データに追随しながら決定境界を推定するため、汎化性能ではSVMに比べてやや劣るものの、分類の正確さなどではSVMと同等もしくは場合によっては上回ることもあります。この図でも、決定境界はギザギザしているもののきちんと全ての○が内側に収まっています。

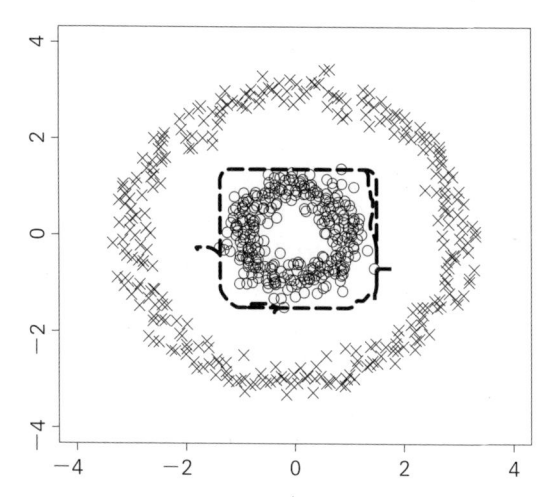

図 8-10 ● 図 8-6 のデータをランダムフォレストで分類した結果

　ちなみに、比較のために決定木のみで図 8-6 のデータを分類してみた結果も次の図に示しておきます。

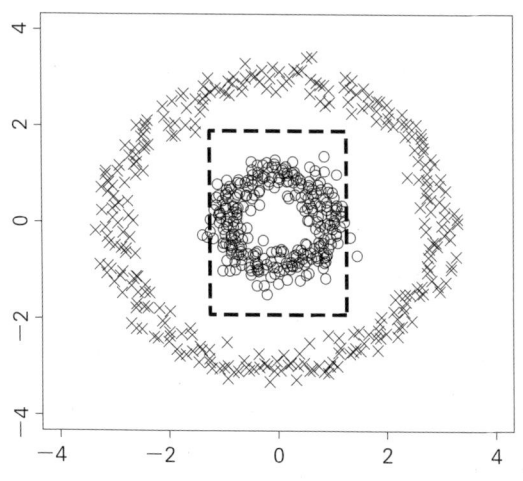

図 8-11 ● 図 8-6 のデータを決定木で分類した結果

ランダムフォレストに比べると、学習データとは無関係にカックンと決定境界が引かれ、おまけに決定境界からはみ出てしまっているサンプルがちらほら目に付きますね。いかにランダムフォレストが元の決定木から進歩しているかがわかるはずです。

このようなアンサンブル学習は、かつては市販のコンピューターの性能が低く大型ワークステーションでないと高速に実行できず、なかなか一般には普及してきませんでした。しかし最近では市販のコンピューターの性能が上がったことで誰でも手軽に実行できるようになってきています。その意味で、ランダムフォレストは「コンピューターの進歩が生み出した機械学習の若きスター」ともいえるでしょう。

8-4 新規ユーザーの属性データから、1ヶ月後のアクティブユーザー数を予測してみよう

それでは、実際にSVMとランダムフォレストをRで実践してみましょう。ここでは「あるソーシャルゲーム（ソシャゲ）サービスにおけるある日付における新規ユーザーの属性データから、1ヶ月後もゲームをプレーしてくれるユーザー数がどれくらいになるかを予測する」というお題を用意してみました。

一般に、ソシャゲサービスでは新規登録時にはユーザーにさまざまな情報を入力してもらい、さらにある程度ゲーム内での行動ログなども追跡して取っており、これらの情報から「このユーザーは今後も長くゲームを楽しんでくれるユーザーになってくれるかどうか」を予測する、というのは日常的に行われる重要な分析ミッションだったりします。

今、手元に下の表のような10000人分の過去ユーザーの属性データがあるとします。属性データとしてわかっているのは、各ユーザーの年齢、性別、新規登録当日にチュートリアルを突破したか、ガチャを引いたか、流入経路（ここでは3種類の他社SNSのアカウントで登録したケースを

想定)、そして1ヶ月後も定期的にゲームをプレーしているか否か？というラベルです。これを「学習データ」とします。

表8-1 ● 10000人分のソシャゲサービスユーザーの属性データ

age （年齢）	sex （性別）	act1 （チュートリアル突破）	act2 （ガチャ）	influx （流入経路）	label （1ヶ月後 アクティブか？）
28	M	Yes	Yes	C	No
34	M	Yes	Yes	A	Yes
33	M	No	Yes	A	No
40	M	No	No	A	Yes
30	F	Yes	Yes	A	No
31	M	No	Yes	C	No
…	…	…	…	…	…

これを学習データとして機械学習モデルを推定し、表8-2のようなある日付における新規登録ユーザー500人の属性データを「未知データ」とみなして当てはめることで、それらのユーザーが1ヶ月後もアクティブでいるかどうかを予測してみましょう。

表8-2 ● 新規登録ユーザーの属性データ

age （年齢）	sex （性別）	act1 （チュートリアル突破）	act2 （ガチャ）	influx （流入経路）
31	F	No	Yes	B
32	F	No	Yes	C
33	F	Yes	No	C
34	M	No	Yes	A
36	F	No	Yes	C
27	M	Yes	No	B
…	…	…	…	…

そこで、Rを立ち上げたらサンプルデータ"ch8_train.txt"、"ch8_test.txt"をダウンロードしてきて、それぞれd.train、d.testという名前でインポートしておきます（p.39参照）。以下、それぞれの手法で機械学習による予測を行ってみることにしましょう。

8.4.1 | SVMで分類してみよう

RではさまざまなパッケージがSVMを実装していますが[*22]、ここでは代表的なパッケージとして{e1071}を使うことにします。

この{e1071}パッケージには、SVMのオープンライブラリとして有名なLIBSVMが実装されており、実はPython／Java／C++といった他のプログラミング言語と全く同じ内部アルゴリズムで動くようになっています。このため、Rの{e1071}パッケージでSVMの挙動を試した後で、改めてLIBSVMライブラリを用いてPythonなど他言語で自動化システムとして全く同じパラメータを用いて実装するということもできるという利点があります。

その{e1071}パッケージにおいて、SVMはsvm関数で実行することができます。文法は以下の通りで、Rの他の例にもれず非常にシンプルです。

```
> svm(formula, data)
# formula: formula式
# data: データフレーム
```

それでは、実際にインポート済みのデータであるd.trainに対してsvm関数でSVM機械学習モデルを推定してみましょう。

[*22] {kernlab}もSVMやその他のカーネル法を用いた機械学習手法などを多数実装しています。

```
> install.packages("e1071")
> require("e1071")
> d.svm<-svm(label~.,d.train)
> print(d.svm)
```

```
Call:
svm(formula = label ~ ., data = d.train)

Parameters:
   SVM-Type:  C-classification
 SVM-Kernel:  radial
       cost:  1
      gamma:  0.1428571

Number of Support Vectors:  1496
```

機械学習モデルd.svmの中身をprint関数で表示した内容を理解するには、SVMのアルゴリズムそのものへの理解が必要なので、ここでは一旦置いておきましょう。では、未知データd.testに当てはめてみます。

```
> d.test.svm.pred<-predict(d.svm,newdata=d.test)
# predict関数には推定したSVMのモデルと、newdata引数としてage、sex、
  act1、act2、influxの5変数のカラムを持つデータフレームを与える
> summary(d.test.svm.pred)
```

```
 No Yes
471  29
```

500人中、1ヶ月後もアクティブにプレーしてくれるユーザー数は29人、残りの471人は離脱してしまうという予測結果になりました。これはなかなか前途多難なソシャゲ運営になりそうですね……。

なお、SVMに限らず機械学習メソッドの多くはprint関数で見たような内部パラメータをチューニングすることで、クラス分類性能を向上させることが可能です。{e1071}パッケージでは、tune.svm関数を用いることでパラメータのチューニングができます[23]。

---

[23] svm関数ではcostとgammaの2つの引数が代表的なチューニング用のパラメータです。

```
> res<-tune.svm(label~.,data=d.train)
# svm関数と書式は同じ
> res$best.model
```

```
Call:
best.svm(x = label ~ ., data = d.train)

Parameters:
   SVM-Type:  C-classification
 SVM-Kernel:  radial
       cost:  1
      gamma:  0.1428571
Number of Support Vectors:  1496
```

実はsvm関数は初めからある程度パラメータをチューニングしてしまうので、あまり手動でチューニングする必要はないことが多いです。

8.4.2 | ランダムフォレストで分類してみよう

SVM同様Rには多くのランダムフォレストを実装しているパッケージが存在しますが[24]、ここでは代表例として{randomForest}パッケージを用いることにします。このパッケージでランダムフォレストを実行するには、randomForest関数を用います。文法はsvm関数同様非常にシンプルです。

```
> randomForest(formula, data, …)
# formula: formula式
# data: データフレーム
# …: その他のコントロールパラメータ
```

---

[24] 例えば{party}パッケージはオリジナルの決定木やランダムフォレストのアルゴリズムが抱える問題点を解決した改善版を実装しています。

これまた実際にインポート済みのデータであるd.trainに対してrandomForest関数でランダムフォレスト機械学習モデルを推定してみましょう。

```
> install.packages("randomForest")
> require("randomForest")
> d.rf<-randomForest(label~.,d.train)
> print(d.rf)
```

```
Call:
 randomForest(formula = label ~ ., data = d.train)
               Type of random forest: classification
                     Number of trees: 500
No. of variables tried at each split: 2

        OOB estimate of  error rate: 6.23%
Confusion matrix:
    No Yes class.error
No 8821 179  0.01988889
Yes 444 556  0.44400000
```

OOB (Out-Of-Bag) errorというのは、実はこのランダムフォレスト機械学習モデルに対して交差検証法による性能検証を行った結果得られた誤答率（100%から正答率を引いた値）です。この値が小さいほど、過学習の抑えられた汎化性能の高いランダムフォレストであるといえます。

ランダムフォレストでも、予測結果はpredict関数で計算できます。

```
> d.test.rf.pred<-predict(d.rf,newdata=d.test)
> summary(d.test.rf.pred)
```

```
 No Yes
472  28
```

ランダムフォレストでも、500人中1ヶ月後もアクティブにプレーしてくれるユーザー数は28人、残りの472人は離脱してしまうという予

測結果になりました……。

ところで、{randomForest}パッケージにもパラメータチューニングのための関数としてtuneRF関数が用意されています。

```
> tuneRF(d.train[,-6],d.train[,6],doBest=T)
```

```
mtry = 2   OOB error = 6.54%
Searching left ...
mtry = 1        OOB error = 7.35%
-0.1238532 0.05
Searching right ...
mtry = 4        OOB error = 6.61%
-0.01070336 0.05

Call:
 randomForest(x = x, y = y, mtry = res[which.min(res[, 2]), 1])
               Type of random forest: classification
                     Number of trees: 500
No. of variables tried at each split: 2

        OOB estimate of  error rate: 6.25%
Confusion matrix:
      No Yes class.error
No  8818 182  0.02022222
Yes  443 557  0.44300000
```

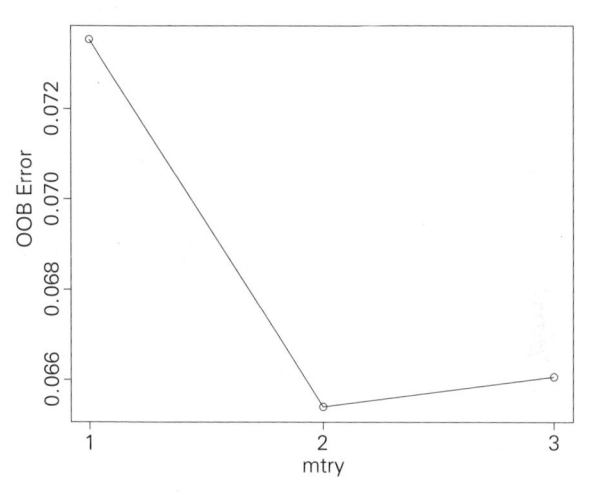

新規ユーザーの属性データから、1ヶ月後のアクティブユーザー数を予測してみよう **8-4**

図8-12 ● mtry と OOB error のプロット

　パラメータとして利用できるのはmtry（弱学習器に用いる説明変数の個数）だけですが、tuneRF関数はこの最適値を計算してくれます。同時にプロットされるmtryとOOB errorとの関係性からも一目で見てわかる通り、このケースではmtry＝2が最適だということになりました。

　また、ランダムフォレストの最大の特徴のひとつとして、「分類モデル」ながら回帰と同じようにそれぞれの説明変数の重要度を算出できるというものがあります。これはimportance関数で見ることができます[25]。

```
> importance(d.rf)
```

---

[25] {randomForest}のrandomForest関数で得られる変数重要度は、説明変数同士の相関が高いと歪んだ値になることが知られており、例えば{party}のcforest関数を用いるとその点を補正した変数重要度を得ることができます。

```
        MeanDecreaseGini
age             140.71673
sex              42.06253
act1            437.04051
act2            104.81735
influx          109.53465
```

　同じデータ型同士で、なおかつデータのスケールが一致していないと比較するのは難しいのですが、例えば同じ二値カテゴリ型の説明変数同士で比べると、「チュートリアル突破」「ガチャ」は「性別」よりも重要である、ということが見て取れます。

　このように、ランダムフォレストには「機械学習」としても「回帰」としても使える、という利点があります。

8.4.3 | 答え合わせをしてみよう

　実は、今回用いた未知データのサンプルd.testには「正解」としてlabelの値を振ってあるバージョンがあります。サンプルデータ"ch8_test_label.txt"をダウンロードしてきて、d.test.labelという名前でインポートしましょう（p.39参照）。

　そこで、SVMによる予測結果d.test.svm.predとランダムフォレストによる予測結果d.test.rf.predに対して、table関数を用いて以下のように集計します。

```
> table(d.test.label$label,d.test.svm.pred)
```

```
     d.test.svm.pred
       No   Yes
No    444     6
Yes    27    23
# SVMの結果
```

```
> table(d.test.label$label,d.test.rf.pred)
```

```
    d.test.rf.pred
     No   Yes
No   445   5
Yes  27    23
# ランダムフォレストの結果
```

わかりやすく表に改めると、以下のようになります。対角線上にある値が「正解と一致している個数」なので、これが多ければ多いほど良い機械学習モデルであるといえます。

表8-3 ● SVM の結果

SVM	予測データ：No	予測データ：Yes
正解データ：No	444	6
正解データ：Yes	27	23

表8-4 ● ランダムフォレストの結果

ランダムフォレスト	予測データ：No	予測データ：Yes
正解データ：No	445	5
正解データ：Yes	27	23

たった1個違いですが、ランダムフォレストの方がわずかにパフォーマンスに優れるという結果になりました。もちろん、シチュエーションによってこの優劣は変わるものであり、普遍的なものではないことに注意が必要です。

ということで、この第8章では機械学習（主に教師あり学習）について深く学んできましたが、いかがだったでしょうか。おそらく、皆さんの想像よりは「Rで実行するのは」簡単だ、と思われたのではないでしょうか？

実際にはSVMなりランダムフォレストなりの根底にあるアルゴリズムへの深い理解があるに越したことはないのですが、それでも「Rで手軽に機械学習ができる」ことは大きいメリットのはずです。ぜひ、さまざまなデータに対して積極的に試していってみてください。

第 9 章

ECサイトの購入カテゴリデータから何が見える？
～アソシエーション分析～

　この章では、データマイニングの醍醐味ともいえるマーケティング情報に対する分析メソッドである「アソシエーション分析（相関ルール分析／Association Rules）」を取り上げます[*1]。このメソッドにはさまざまな応用可能性があり、現代におけるデータマイニングの中でも重要な地位を占めています。手を動かしながら、しっかり学んでいきましょう。

---

*1 英語圏ではAssociation Rules、Association Rule Learning以外にもさまざまな語が当てられており、日本語でもバスケット分析、連関ルール、相関ルールなど多くの呼称がありますが、本書ではメソッド名を「アソシエーション分析」に、その基礎となる指標名を「相関ルール」に統一しています。

9-1 「Xが起きればYも起きる」をモデリングする

　もともと、アソシエーション分析は米IBM社がスーパーマーケットにおけるPOS（Points Of Sales：販売時点情報管理）データ、すなわちレジ精算データから「どの商品とどの商品が一緒に買われることが多いか」という法則性（相関ルール）を調べる目的で開発したメソッドであるとされています[2]。

　このとき開発された"Apriori"アルゴリズムは、単に相関ルールを抽出するのみならず、大規模データに対しても計算機負荷を極力抑えて計算可能なように工夫されており[3]、「ビッグデータ」時代といわれる現在でもなおさまざまなデータ分析の現場で用いられています。

　ところで、一見バラバラに見えるデータから相関ルールを抽出するには、何かしらの評価指標が必要です。実際のアソシエーション分析ではさまざまな評価指標が用いられていますが、代表的なものとして、Support（支持度）、Confidence（信頼度）、Lift（リフト）という3つの指標が広く知られています。ここで、それらの指標について簡単にまとめておきます[4]。なお、便宜上ここでは小売店での購買データを想定した上で個々の顧客が「ある商品（アイテム）Xを買ったときに別の商品Yを買うかどうか」と、「合計M通りある個々の顧客購買データ（トランザクション）D」との関係とを見ています。

---

[2] 詳細は以下の論文を参照のこと。R. Agrawal, T. Imieliński, A. Swami. Mining association rules between sets of items in large databases. Proceedings of the 1993 ACM SIGMOD international conference on Management of data - SIGMOD '93. p. 207, 1993. ちなみに米IBM社の公式サイト上でPDFファイルとして全文が公開されています。http://www.almaden.ibm.com/cs/quest/papers/sigmod93.pdf

[3] いわゆる「幅優先探索」アルゴリズムで、高速化したものが用いられています。

[4] 以下の説明箇所ではでは『Rによるデータサイエンス』（金明哲、森北出版）pp.277－278および、『ビッグデータの使い方・活かし方』（朝野熙彦編著、東京図書）第1章「ビッグデータ時代のレコメンデーション」（山川義介）pp.12－15の説明および図解を参考にしました。どちらもアソシエーション分析の概念に関してわかりやすく説明している、数少ない日本語文献です。

1. Support（支持度）

　最もシンプルな指標としてよく用いられるのがSupport（支持度）です。これはXとYが同時に購入された回数を総トランザクション数Mで割った値です。図9-1のベン図がわかりやすいでしょう。すなわち、全てのトランザクションの中でアイテムXとアイテムYとが同時に購入された割合がどれくらいか？　を示す指標であり、単純に全体の中における出現率（同時確率）を表しています。

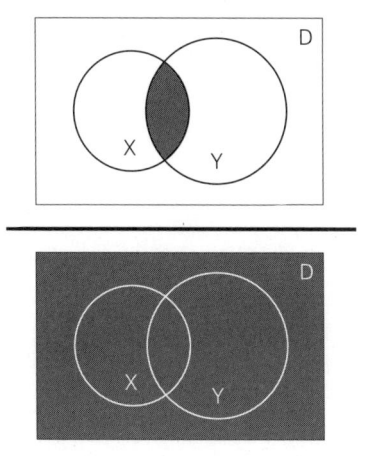

図 9-1 ● ベン図で表した Supprort

2. Confidence（信頼度）

　次に用いられることの多い指標がConfidence（信頼度）です。これは条件付き確率であり、シンプルに「X⇒YなるSupportの値をX単体のSupportの値で割ったもの」で表されます。図9-2のベン図がわかりやすいでしょう。すなわち、Xを購入した人がYも購入する確率はどれくらいか？　ということです。

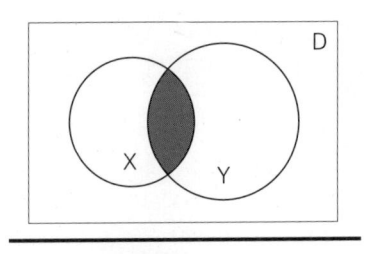

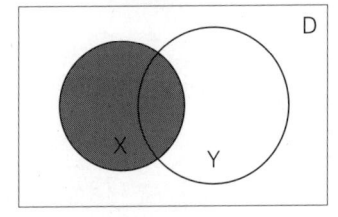

図 9-2 ● ベン図で表した Confidence

3. Lift（リフト）

　さらにもう一つ重要な指標がLift（リフト）です[5]。これはちょっと複雑で、「X⇒YなるConfidenceの値をY単体のSupportで割ったもの」で表されます。これまた図9-3のベン図を見た方がずっとわかりやすいでしょう。定義的には「何もしなくてもYを購入した人たち」と「Xを購入した結果としてYも購入した人たち」との比ですが、これは言い換えると「**Xを購入した方がYだけを購入した場合に比べてどれくらいYを購入してもらうことに貢献しているか**」という、Xの貢献度を表す指標でもあるのです。

---

[5] なぜかこの語だけ日本語訳が当てられておらず、「リフト」と称されるのが通例となっています。

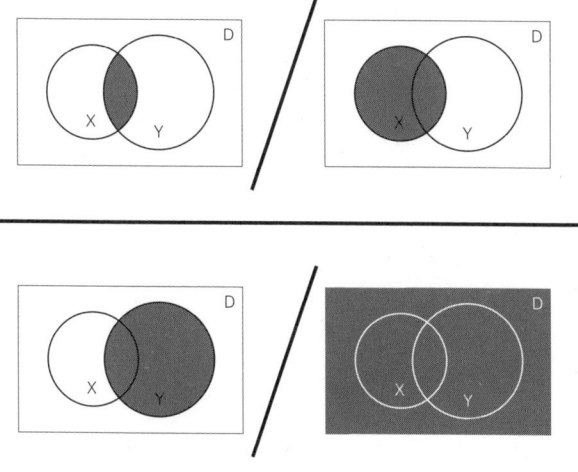

図9-3 ● ベン図で表したLift

　これらの3つの指標を迅速に計算し、トランザクションの中に潜んでいるアイテム間の関係性＝相関ルールを抽出する代表的なアルゴリズムが、Aprioriアルゴリズムであるというわけです。

9-2 ECサイトの購入カテゴリデータから、おすすめカテゴリ導線のプランを考えてみよう

　それでは、実際にRでアソシエーション分析を試してみましょう。サンプルデータ"ch9_2.txt"をダウンロードしてきて、dという名前でインポートしておきます（p.39参照）。

　表9-1は一般的な購買トランザクションデータとは異なり、あるECサイトの1ヶ月間の購入カテゴリデータを想定しています。このECサイトは試験的に12カテゴリで商品を提供していて、今手元にあるデータはユーザー3000人が1ヶ月間に渡ってどのカテゴリの商品を買ったかを0 or 1で記録しているものとします。

第 9 章 ─ECサイトの購入カテゴリデータから何が見える？　～アソシエーション分析～

表9-1 ● ECサイトの1ヶ月間の購入カテゴリデータ

…	electronics （電子機器）	sake （日本酒）	cosmetics （化粧品）	book （書籍）	toy （玩具）	…
…	0	0	1	1	1	…
…	0	0	0	1	0	…
…	0	1	1	1	1	…
…	0	1	1	1	1	…
…	0	1	0	1	1	…
…	…	…	…	…	…	…

　カテゴリの内訳は、書籍（book）・化粧品（cosmetics）・電子機器（electronics）・食品（food）・輸入食品（imported）・リキュール類（liquor）・雑誌（magazine）・日本酒（sake）・文具（stationery）・玩具（toy）・旅行パック（travel）・ワイン（wine）、としておきます。

　今ここで目指そうとしているのは、「あるカテゴリAをよく買うユーザーにまた別のカテゴリBをすすめるようなサイト導線を張って、実際に買ってもらう」こと。まさに、相関ルールに基づいてA→Bなるレコメンデーションを行おうということですね。これをアソシエーション分析に基づいてやってみましょう。

9.2.1 ｜ アソシエーション分析を試してみよう

　Rでは{arules}パッケージでアソシエーション分析と関連する分析各種を行うことができます。ただし、{arules}パッケージは基本的にデータをマトリクス形式かトランザクション形式で扱うように設計されている点に注意が必要です。

　まずは、サンプルデータであるデータフレームdを{arules}パッケージで扱えるように変換し、その上でサンプルデータの大まかな特徴を見てみましょう。

```
> install.packages ("arules")
> require ("arules")
```

```
Loading required package: arules
Loading required package: Matrix

Attaching package: 'arules'

The following objects are masked from 'package:base' :

    %in%, write
```

```
> d.mx<-as.matrix(d)
# 単にマトリクス形式にas.matrix関数で直すだけで良い
> d.tran<-as(d.mx,"transactions")
# {arules}パッケージのas関数を用いてトランザクション形式に直しても良い
> summary(d.tran)
# トランザクション形式であればsummary関数で概要を見ることができる
```

```
transactions as itemMatrix in sparse format with
 3000 rows (elements/itemsets/transactions) and
 11 columns (items) and a density of 0.5109091

most frequent items:
      book      food stationery   imported       toy    (Other)
      2937      2067       2033       1547      1502       6774

element (itemset/transaction) length distribution:
sizes
   1    2    3    4    5    6    7    8    9   10   11
  13   73  258  481  622  601  512  288  123   27    2

   Min. 1st Qu.  Median    Mean 3rd Qu.    Max.
   1.00    4.00    6.00    5.62    7.00   11.00

includes extended item information - examples:
```

```
        labels
1         book
2     cosmetics
3   electronics
```

なお、実際のデータの中には以下のようにトランザクションごとにアイテムの名前が区切り記号で区切られ、列挙されているようなフォーマットのものもあるはずです。

```
book,cosmetics,liquor,magazine,stationery,toy
book,food,imported
cosmetics,food,liquor,sake,stationery,toy
book,sake,travel
...
```

このようなデータを{arules}パッケージに読み込みたい場合は、直接データファイルをread.transactions関数でトランザクション形式として読み込みます。サンプルデータ"ch9_basket.txt"をダウンロードしてきたら、以下のようにしてみましょう。

```
> tmp.tran<-read.transactions(file='ch9_basket.txt', format='basket', sep=',', rm.duplicates=T)
# file引数でファイル名を指定、通常はformat引数で'basket'というようにバスケットデータを指定、sep引数でデリミタ（区切り記号）を指定する
#「duplicates（重複）がある」というエラーが出て止まる場合は、rm.duplicates引数をTrueにすると重複を全て削除して読み込んでくれる
> summary(tmp.tran)
```

```
transactions as itemMatrix in sparse format with
 4 rows (elements/itemsets/transactions) and
 10 columns (items) and a density of 0.45

most frequent items:
```

```
        book   cosmetics     food   liquor     sake   (Other)
          3           2        2        2        2         7

element (itemset/transaction) length distribution:
sizes
3 6
2 2

         Min.    1st Qu.   Median     Mean   3rd Qu.    Max.
          3.0        3.0      4.5      4.5       6.0     6.0

includes extended item information - examples:
       labels
1        book
2   cosmetics
3        food
```

　全く同じように読み込むことができます。マトリクス形式に比べて、このようなアイテム名を列挙していくフォーマットの方が、後から新たにトランザクションを追加していくようなケースでは新たにマトリクスの列を増やしたりする必要もなく簡単なので、適宜使い分けると良いでしょう。大ざっぱに全体像を見るには、個々のアイテムの出現頻度をitemFrequencyPlot関数で見るのが手っ取り早いです。

```
> itemFrequencyPlot(d.tran)
# トランザクション形式のデータを引数として与える
```

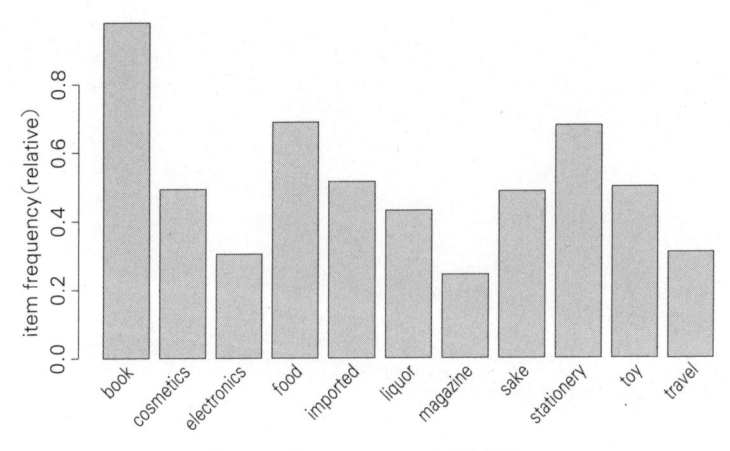

第 9 章 ─ECサイトの購入カテゴリデータから何が見える？　～アソシエーション分析～

図9-4 ● 個々のアイテムの出現頻度

　これで、全体的にどのアイテムの出現頻度が高く、どのアイテムは低いかを一目で見比べることができます。書籍が抜きん出て高く、雑誌が最も低いとか、食品と文具が比較的高いというようなことがここから見て取れます。

　次に、いよいよ相関ルールを抽出するためのAprioriアルゴリズムを実践してみましょう。{arules}パッケージではapriori関数として実装されています。

```
> d.ap<-apriori(d.tran)
# apriori(d.mx)というようにマトリクス形式のデータを与えても良い
# 計算結果は相関ルール形式(rules)として出力される
```

```
parameter specification:
 confidence    minval     smax     arem     aval originalSupport  support
        0.8       0.1        1     none    FALSE            TRUE      0.1
     minlen    maxlen   target      ext
          1        10    rules    FALSE

algorithmic control:
```

```
 filter    tree    heap    memopt    load    sort    verbose
   0.1     TRUE    TRUE     FALSE    TRUE      2      TRUE

apriori - find association rules with the apriori algorithm
version 4.21 (2004.05.09)   (c) 1996-2004   Christian Borgelt
set item appearances ...[0 item(s)] done [0.00s].
set transactions ...[11 item(s), 3000 transaction(s)] done [0.00s].
sorting and recoding items ... [11 item(s)] done [0.00s].
creating transaction tree ... done [0.00s].
checking subsets of size 1 2 3 4 5 6 done [0.00s].
writing ... [237 rule(s)] done [0.00s].
# 237個の相関ルールが得られた
creating S4 object  ... done [0.00s].
```

```
> summary(d.ap)
# summary関数で得られた相関ルールの概要を見られる
```

```
set of 237 rules
# 全部で237個の相関ルール

rule length distribution (lhs + rhs):sizes
 1    2    3    4    5    6
 1   13   67  102   48    6
# 1つの相関ルールに含まれるアイテム個数ごとの、相関ルールの個数

   Min. 1st Qu.  Median    Mean 3rd Qu.    Max.
  1.000   3.000   4.000   3.848   4.000   6.000

summary of quality measures:
    support          confidence          lift
 Min.   :0.1000   Min.   :0.8198   Min.   :0.9876
 1st Qu.:0.1143   1st Qu.:0.9754   1st Qu.:1.0000
 Median :0.1490   Median :0.9801   Median :1.0057
 Mean   :0.1841   Mean   :0.9586   Mean   :1.4412
 3rd Qu.:0.2117   3rd Qu.:0.9866   3rd Qu.:1.9799
 Max.   :0.9790   Max.   :1.0000   Max.   :2.0394
# 相関ルール3指標それぞれの分布について
```

第 9 章 ─ ECサイトの購入カテゴリデータから何が見える？ ～アソシエーション分析～

```
mining info:
    data ntransactions support confidence
  d.tran          3000     0.1        0.8
```

　今回用いたデータでは237個とそれなりの規模の相関ルールが得られましたが、場合によっては多すぎたり、逆に少なすぎたりすることもあります。そのような場合はparameter引数で、supportのカットオフライン（デフォルトでは0.1）を調整しましょう。例えば、以下のように調整できます。

```
> d_low.ap<-apriori(d.tran,parameter=list(support=0.05))
# supportのカットオフラインを半分の0.05と低く設定
```

```
parameter specification:
 confidence minval smax arem  aval originalSupport support
        0.8    0.1    1 none FALSE            TRUE    0.05
     minlen maxlen target  ext
          1     10  rules FALSE

algorithmic control:
 filter tree heap memopt load sort verbose
    0.1 TRUE TRUE  FALSE TRUE    2    TRUE

apriori - find association rules with the apriori algorithm
version 4.21 (2004.05.09) (c) 1996-2004   Christian Borgelt
set item appearances ...[0 item(s)] done [0.00s].
set transactions ...[11 item(s), 3000 transaction(s)] done [0.00s].
sorting and recoding items ... [11 item(s)] done [0.00s].
creating transaction tree ... done [0.00s].
checking subsets of size 1 2 3 4 5 6 7 done [0.00s].
writing ... [566 rule(s)] done [0.00s]. # 相関ルールの個数が増えている
creating S4 object  ... done [0.00s].
```

```
> d_high.ap<-apriori(d.tran,parameter=list(support=0.2))
# supportのカットオフラインを2倍の0.2と高く設定
```

```
parameter specification:
 confidence    minval    smax    arem    aval  originalSupport  support
       0.8       0.1       1    none   FALSE             TRUE      0.2
    minlen    maxlen   target     ext
         1        10    rules   FALSE

algorithmic control:
    filter     tree    heap  memopt    load    sort  verbose
       0.1     TRUE    TRUE   FALSE    TRUE       2     TRUE

apriori - find association rules with the apriori algorithm
version 4.21 (2004.05.09)    (c) 1996-2004   Christian Borgelt
set item appearances ...[0 item(s)] done [0.00s].
set transactions ...[11 item(s), 3000 transaction(s)] done [0.00s].
sorting and recoding items ... [11 item(s)] done [0.00s].
creating transaction tree ... done [0.00s].
checking subsets of size 1 2 3 4 done [0.00s].
writing ... [68 rule(s)] done [0.00s]. # 相関ルールの個数が減っている
creating S4 object ... done [0.00s].
```

　特に個数の適正値のようなものはありませんが、この後の節で紹介する可視化のことを考えると、300個ぐらいの相関ルールが得られると良いでしょう。

　得られた相関ルールは、inspect関数でチェックすることができます。

第 9 章 — ECサイトの購入カテゴリデータから何が見える？ 〜アソシエーション分析〜

```
> inspect(head(sort(d.ap,by="support"),n=10))
# そのまま実行すると表示される相関ルールが多過ぎることが多いので、head関数
  で数をしぼる。ここでは10個までとした
# さらにsort関数でソートできる。ここではsupportの高い順とした
```

```
     lhs              rhs        support    confidence    lift
1    {}            => {book}     0.9790000  0.9790000     1.0000000
2    {food}        => {book}     0.6736667  0.9777455     0.9987186
3    {stationery}  => {book}     0.6623333  0.9773733     0.9983384
4    {imported}    => {book}     0.5046667  0.9786684     0.9996613
5    {toy}         => {book}     0.4913333  0.9813582     1.0024088
6    {cosmetics}   => {book}     0.4793333  0.9775663     0.9985355
7    {sake}        => {book}     0.4756667  0.9794097     1.0004185
8    {food,
      stationery} => {book}      0.4510000  0.9768953     0.9978502
9    {liquor}      => {toy}      0.4256667  0.9899225     1.9772087
10   {toy}         => {liquor}   0.4256667  0.8501997     1.9772087
# lhs→rhsという方向で相関ルールが向いているとされる
```

```
> inspect(head(sort(d.ap,by="lift"),n=10))
# liftの大きい順にソートしてみた
```

```
     lhs              rhs            support    confidence    lift
1    {liquor,
      magazine}   => {cosmetics}   0.1053333  1.0000000     2.039429
2    {imported,
      magazine}   => {cosmetics}   0.1236667  1.0000000     2.039429
3    {magazine,
      toy}        => {cosmetics}   0.1276667  1.0000000     2.039429
4    {liquor,
      magazine,
      toy}        => {cosmetics}   0.1046667  1.0000000     2.039429
5    {book,
      liquor,
      magazine}   => {cosmetics}   0.1033333  1.0000000     2.039429
```

```
6  {book,
    imported,
    magazine} => {cosmetics}  0.1206667  1.0000000  2.039429
7  {book,
    magazine,
    toy}     => {cosmetics}  0.1250000  1.0000000  2.039429
8  {book,
    liquor,
    magazine,
    toy}     => {cosmetics}  0.1026667  1.0000000  2.039429
9  {magazine} => {cosmetics}  0.2430000  0.9986301  2.036635
10 {book,
    magazine} => {cosmetics}  0.2373333  0.9985975  2.036569
```

最初のsupportでソートした例では、「何を買っても最終的には書籍（book）に向かう」というある意味当たり前の傾向が出てしまい、ちょっと面白くないですね。一方、liftでソートした例からは「さまざまなカテゴリの組み合わせを購入している人が化粧品（cosmetics）に向かう」という傾向が見られ、化粧品をレコメンデーションするように導線を張ると効果がありそうだということがわかります。

なお、subset関数を用いることで相関ルールを条件に合わせて絞り込むこともできます。

```
> d.ap.sub1<-subset(d.ap,subset=lhs %in% 'food'&rhs %in% 'cosmetics')
# subset関数は第2引数のsubsetで絞り込み条件を与えることができる
# ここではlhs（左側）に食品(food)が来て、rhs（右側）に化粧品(cosmetics)
  が来るという2つの条件を&（AND）で結んで与えている。なおORは | で表す

> inspect(head(sort(d.ap.sub1,by="support"),n=5))
```

第 9 章―ECサイトの購入カテゴリデータから何が見える？ ～アソシエーション分析～

```
    lhs              rhs          support    confidence    lift
1 {food,
   magazine}    => {cosmetics}   0.1710000   0.9980545   2.035461
2 {book,
   food,
   magazine}    => {cosmetics}   0.1676667   0.9980159   2.035382
3 {food,
   magazine,
   stationery}  => {cosmetics}   0.1160000   0.9971347   2.033585
4 {book,
   food,
   magazine,
   stationery}  => {cosmetics}   0.1143333   0.9970930   2.033500
# 実際には相関ルールが4個しかなかったため、4個のみ表示されている
```

```
> d.ap.sub2<-subset(d.ap,subset=size(items)>3&support>0.2)
# このケースでは相関ルールに含まれるアイテムの個数が3個より多く、support
  が0.2より大きいものに絞り込んでいる

> inspect(head(sort(d.ap.sub2,by="support"),n=5))
```

```
    lhs              rhs         support    confidence    lift
1 {liquor,
   stationery,
   toy}          => {book}      0.2863333   0.9783599   0.9993462
2 {book,
   liquor,
   stationery}   => {toy}       0.2863333   0.9873563   1.9720832
3 {book,
   stationery,
   toy}          => {liquor}    0.2863333   0.8521825   1.9818199
4 {food,
   liquor,
   toy}          => {book}      0.2863333   0.9805936   1.0016278
5 {book,
   food,
   liquor}       => {toy}       0.2863333   0.9930636   1.9834825
```

このようにして、非常に容易に相関ルールを得ることができます。な お、dissimilarity関数を用いることで相関ルール同士ないしアイテム同 士の距離[*6]を定義でき、これと第5章で紹介した階層的クラスタリング とを組み合わせることで相関ルールのクラスタリングを行うこともでき ます。

```
> d.dis<-dissimilarity(d.tran)
# 引数にはトランザクション形式・相関ルール形式どちらのデータでも与えられる
# ここではトランザクション形式のデータを与えている
> plot(hclust(d.dis,method="ward.D"),hang=-1)
# 第5章で取り上げたhclust関数を用いてクラスタリングし、プロットしている
# R3.1.0からはward.D2が使える（p.94参照）
```

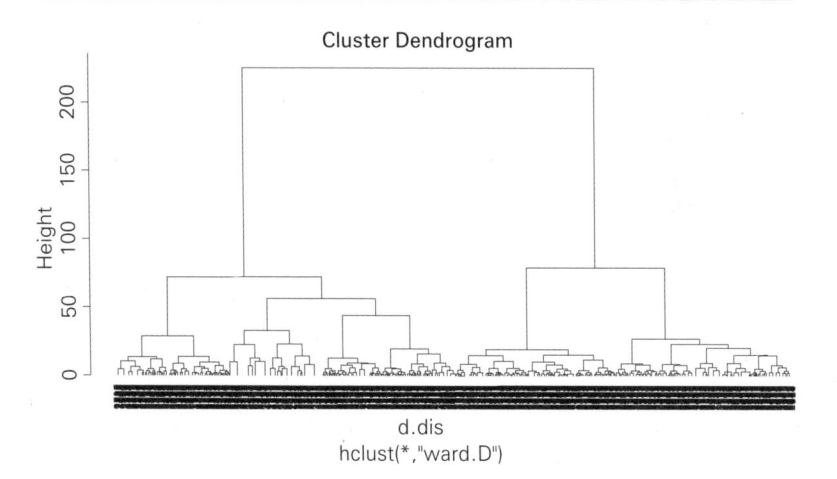

図9-5 ● 相関ルールのクラスタリング結果

相関ルールの個々のアイテム名が全部表示されているせいでプロット の下が潰れてしまっていますが、このように階層的クラスタリングが適 用できるということは見て取れますね。本書では割愛しますが、ここで

[*6] ここではJaccard距離という二値データ同士の距離を表す指標を用いています。

得られた相関ルール同士の「距離」d.disさえあれば階層的クラスタリング以外にも第5章で紹介したさまざまなクラスタリング手法が適用できますので、それらに基づいてさらに高度な相関ルールの分析を行うことも可能です。

9.2.2 | 得られた相関ルールをネットワークとして可視化してみよう

ところで、{arules}パッケージを用いて抽出した相関ルールは、そのままでは巨大な法則たちの塊に過ぎず、人の目で見て何かを意思決定するには不向きです。そこで、{arulesViz}パッケージを用いて可視化してみましょう。

実は、相関ルールはX→Yという形で表されるルールの集合体であることから、いわゆる「グラフ構造」[7]としても表現できることが知られています。{arulesViz}パッケージは、グラフ構造分析で広く用いられている{igraph}パッケージ[8]と{arules}パッケージとを組み合わせることで、相関ルールのグラフ構造分析を実現させています。

ここではその詳細に踏み込むのは避け、どのようにして可視化するかにしぼって紹介します。といってもやり方は非常に簡単です。以下のように実行してみましょう。なお、{arulesViz}パッケージをインストールする際に必要な依存パッケージ（特に{igraph}）が洩れるケースがありますので、警告が出た場合は手動でそれらの依存パッケージをインストールするようにしてください。

```
> install.packages("arulesViz")
> require("arulesViz")
```

---

[7] 第10章に簡単な説明があります。
[8] こちらについても第10章に簡単な説明があります。

```
Loading required package: arulesViz
Loading required package: scatterplot3d
Loading required package: vcd
Loading required package: grid
Loading required package: seriation
Loading required package: cluster
Loading required package: TSP
Loading required package: gclus
Loading required package: colorspace
Loading required package: igraph

Attaching package: 'igraph'

The following object is masked from 'package:gclus':

    diameter


Attaching package: 'arulesViz'

The following object is masked from 'package:base':

    abbreviate
```

```
> plot(d.ap, method="graph",control=list(type="items",
layout=layout.fruchterman.reingold, cex=2))
# これは{arulesViz}パッケージのplot.rulesメソッドを呼び出したもので、第
 1引数に相関ルール形式データを与え、method引数で描画したいプロットの種
 類を与え、control引数でその種類のプロットメソッドの描画パラメータを与え
 ることでさまざまな可視化が実現できる
# layout引数にlayout.fruchterman.reingoldを与えているのは、グラフ構造
 描画アルゴリズムの一つであるFruchterman - Reingoldアルゴリズムを用い
 るためで、このアルゴリズムには後述するように「関係性の強いノードが近付く」
 ようにプロットする特徴がある
# cex引数はラベルのフォントサイズをデフォルト値からの倍率で指定する
```

第 9 章─ECサイトの購入カテゴリデータから何が見える？ 〜アソシエーション分析〜

Graph for 237 rules

size：support（0.1 - 0.979）
color：lift（0.988 - 2.039）

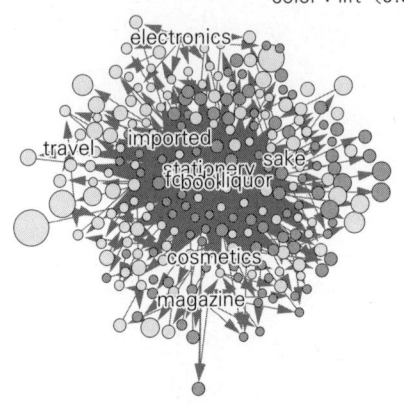

図 9-6 ● 相関ルールの出力

　何だか突然ごちゃごちゃした図が出てきてしまってよくわからないですね。そこで、相関ルールデータセットd.apのうちsupport＞＝0.3のものだけを選んで、同様にプロットしてみると図9-7のようになります。

Graph for 22 rules

size：support（0.317 - 0.979）
color：lift（0.997 - 1.977）

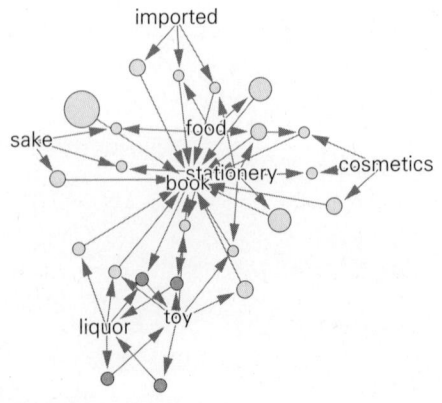

図 9-7 ● 相関ルールの出力（support ＞＝ 0.3 のとき）

個々のアイテムはテキストで、相関ルールは円と矢印で表されています。円は矢印をつなぐ「結節点」で、相関ルールそのものを表します。矢印は「X→Y」という相関ルールの矢印そのものを指します。円の大きさはsupportの値の大小を、円の色の濃淡はliftの値の大小を表しています。

このグラフ構造の描画に用いられているFruchterman-Reingoldアルゴリズム[*9]は、その数理的性質上「関連性の強いもの同士が近くなるように配置する」傾向があります[*10]。このアルゴリズムを用いて相関ルールを可視化し、アイテム同士のグラフ上での距離を比べることで、「どのアイテムとどのアイテムとの関連性が強いか」を知ることができます。

そこで改めて図9-6／9-7を見てみると、「書籍（book）・文具（stationery）・食品（food）が非常に近い位置にあり、リキュール類（liquor）・玩具（toy）同士が非常に近く、前3者とも近い」「化粧品（cosmetics）と雑誌（magazine）は比較的近い」「旅行パック（travel）と電子機器（electronics）はいずれからも遠い」「輸入食品（imported）と日本酒（sake）はあまり近くない」といったことが読み取れます。

ここから、例えば「リキュール類を買う人は晩酌代を安く済ませたい子供のいるお父さんである可能性が高いので子供向けの玩具を買う傾向が強い」とか、「化粧品を買う若い女性はファッション雑誌もよく読むのでこのECサイトで雑誌を買ってもらいやすいはず」というような推測を立てることもできますね。逆に「化粧品を買う人はあまり日本酒には興味がないらしい」というような、「べからず」を引き出すこともできます。これで、新たなカテゴリ導線のプランが立てられるというわけ

[*9] 詳細は以下の原論文を参照のこと。T. M. J. Fruchterman, E. M. Reingold, Graph drawing by force-directed placement. Softw: Pract. Exper., 21: 1129－1164. doi: 10.1002/spe.4380211102, 1991.

[*10]「最短経路長に比例した間隔になるように」配置しているとされます。ただしこれはこのアルゴリズム以前からある発想らしく、このアルゴリズムではさらに「ノード同士が近付き過ぎないようにする」という工夫もされています。

です。

　{arulesViz}パッケージには、他にもさまざまな可視化メソッドが実装されています。ヘルプを見ながら、ぜひ皆さん自身でいろいろ試してみてください。

> **Column　レコメンデーション（推薦）システムとの関係**
>
> 　Aprioriアルゴリズムは実は米Amazon社を初め、さまざまなWebサービス基盤において急速に普及しているレコメンデーション（推薦）システムの基礎アルゴリズムとしても用いられています。例えば、Rにおけるレコメンデーションシステムの実験室レベル実装パッケージである{recommenderlab}も、{arules}を依存パッケージとして指定しています。上記の3つの指標の中では、Liftがレコメンデーションに有効か否かの指標として用いられることが多いようです。
>
> 　今日ではレコメンデーションシステムのアルゴリズムは非常に大きく進歩しており、必ずしもAprioriアルゴリズムには依らないものも多数実用化されるようになってきていますが、その代表的なアイデアとしての相関ルールについて覚えておいて損はないでしょう。

第 10 章

Rでさらに広がる
データマイニングの世界
～その他の分析メソッドについて～

　最後に、この第10章ではこれまでの章で紹介してきた以外の代表的なデータ分析メソッドについて、その基礎から最先端に至るまでRでの実行例を交えながらトピックス的に簡単に触れていきます。中には2014年春時点でまだ開発途上のものもありますので、本書に頼りきりにならず、皆さん自身でぜひアップデートを追いかけてみるようにしてみてください。
　なお、この章では個々のR関数・パッケージの詳細についての説明は割愛し、R本体やパッケージに同梱されているサンプルデータを用いた動作例とその結果、そしてその解釈についてのみの解説に留めます。それらの詳しい使い方や理論的基礎などについては皆さん自身でヘルプや参考文献を参照するなどして調べてみてください。

10-1 分散分析

　実験データに対する分析メソッドとして広く用いられるのが、分散分析（ANalysis Of VAriance：ANOVA）です[*1]。これは第4章で取り上げた重回帰分析に代表される線形モデルのファミリーのひとつで、「与えた処理」の値から「得られた結果」が「処理の効果」に由来するものかどうかを判定するメソッドとして知られています。

　重回帰分析では偏回帰係数という説明変数に対する「重み付け」について推定を行いましたが、分散分析では説明変数の分散から「効果」の有無について検定を行います。一般に、科学実験においては説明変数となる処理が効果を与えたかどうかに最大の関心がありますので、分散分析の方が役立つことが多いです。

　ここではRにデフォルトで入っている{dataset}パッケージに同梱されているnpkデータセットを用いることにしましょう。これはエンドウマメの栽培データで、説明変数として畑の場所と与えた肥料における窒素・リン・カリウムの組み合わせが、目的変数として1／70エーカー当たりの収穫量（ポンド）が与えられています。

　分散分析自体は、デフォルトパッケージに同梱されているaov関数で行うことができます。また、第4章で紹介した重回帰分析の出力から分散分析を行うには、anova関数を使います。実際に分散分析で窒素・リン・カリウムがエンドウマメの収穫量に効果を及ぼすかどうか調べてみましょう[*2]。

[*1] 詳細は例えば『自然科学の統計学』（東京大学教養学部統計学教室編、東京大学出版会）第3章「実験データの分析」などを参照のこと。
[*2] コード例の詳細はaov関数のヘルプから確認できます。

```
> data(npk)
> head(npk)
```

```
  block N P K yield
1     1 0 1 1  49.5
2     1 1 1 0  62.8
3     1 0 0 0  46.8
4     1 1 0 1  57.0
5     2 1 0 0  59.8
6     2 1 1 1  58.5
# 説明変数　block：畑の場所、N：窒素、P：リン、K：カリウム
# 目的変数　yield：単位面積当たりの収穫量
```

```
> summary(npk)
```

```
 block N      P      K          yield
 1:4   0:12   0:12   0:12   Min.   :44.20
 2:4   1:12   1:12   1:12   1st Qu.:49.73
 3:4                        Median :55.65
 4:4                        Mean   :54.88
 5:4                        3rd Qu.:58.62
 6:4                        Max.   :69.50
```

```
> npk.aov<-aov(yield~block+N*P*K,npk)
# aov関数で分散分析を行う
> summary(npk.aov)
```

```
              Df    Sum Sq   Mean Sq   F value   Pr(>F)
block          5    343.3    68.66     4.447     0.01594    *
# 畑の場所は有意
N              1    189.3    189.28    12.259    0.00437    **
# 窒素は有意
P              1    8.4      8.40      0.544     0.47490
# リンは有意ではない
K              1    95.2     95.20     6.166     0.02880    *
# カリウムは有意
N:P            1    21.3     21.28     1.378     0.26317
# 以下は交互作用
N:K            1    33.1     33.13     2.146     0.16865
P:K            1    0.5      0.48      0.031     0.86275
Residuals     12    185.3    15.44
---
Signif. codes:  0 '***' 0.001 '**' 0.01 '*' 0.05 '.' 0.1 ' ' 1
```

　畑の場所と、窒素およびカリウムの比率の違いが、エンドウマメの収穫量に有意に効果を及ぼしていることがわかりました。

　なお、分散分析を行う前提として「実験条件が可能な限りランダムに割り振られていること」が重視され、また単純にコストの問題から「実験回数を少なくすること」が推奨されており、これらを解決するために**実験計画法**に基づいて実験をデザインすることが多いです。CRAN Task Views（http://cran.r-project.org/web/views/）には"Design of Experiments（DoE）& Analysis of Experimental Data"（実験計画法と実験データ分析）というカテゴリがあり、実験計画法に関連するパッケージが多く紹介されているので参考にしてみてください。

10-2 一般化線形モデルとその応用

第6章で学んだ一般化線形モデル（GLM）には、ロジスティック回帰以外にも目的変数の当てはめに用いる確率分布や[3]、線形モデルの適用方法に応じてさまざまな派生形が知られています。例えば、まれに起きる現象のカウントデータ[4]に対して用いるポアソン回帰モデル、医療現場における治療の効果やWebサービスにおけるユーザー離脱率の分析に用いられるCox比例ハザードモデル（生存分析）[5]、個体差を考慮したGLMである混合効果モデル（GLMM）などが挙げられます。

ここではポアソン回帰モデルとCox比例ハザードモデルに絞って紹介します。前者はglm関数の引数をfamily=poissonとすることで、後者は{survival}パッケージに含まれるcoxph関数を用いることで、分析できます。まず、ポアソン回帰モデルの分析をRで実践してみましょう。

```
> counts <- c(18,17,15,20,10,20,25,13,12)
> outcome <- gl(3,1,9)
# 3段階のカテゴリ変数を設定している
> treatment <- gl(3,3)
# 上とは別の方法で3段階のカテゴリ変数を設定している
> print(d.AD <- data.frame(treatment, outcome, counts))
# データフレームにまとめる
```

---

[3] 正規分布が当てはまる場合を重回帰分析（正規線形モデル）と呼びます。この場合のみ第4章で紹介したように、最尤法ではなく最小二乗法でパラメータ推定できるわけです。

[4] まれな現象のカウントデータ（Webビジネスでいえば立ち上がって間もないECサイトのコンバージョン数など）はポアソン分布に従うことが知られています。

[5] Sir David R. Coxは2014年4月現在もご健在の、現代統計学の先駆者のひとりです。

第10章 —Rでさらに広がるデータマイニングの世界 ～その他の分析メソッドについて～

```
    treatment       outcome        counts
1           1             1            18
2           1             2            17
3           1             3            15
4           2             1            20
5           2             2            10
6           2             3            20
7           3             1            25
8           3             2            13
9           3             3            12
# Dobson "An introduction to generalized linear models"（1990）に
  掲載されているランダム化比較試験のデータを用いている
```

```
> glm.D93 <- glm(counts ~ outcome + treatment, family = poisson())
# family引数をpoissonとすることでポアソン回帰モデルが指定される
> summary(glm.D93)
```

```
Call:
glm(formula = counts ~ outcome + treatment, family = poisson())

Deviance Residuals:
      1         2         3         4         5         6
 -0.67125   0.96272  -0.16965  -0.21999  -0.95552   1.04939
      7         8         9
  0.84715  -0.09167  -0.96656

Coefficients:
              Estimate    Std. Error   z value   Pr(>|z|)
(Intercept)   3.045e+00   1.709e-01    17.815    <2e-16 ***
outcome2     -4.543e-01   2.022e-01    -2.247    0.0246 *
outcome3     -2.930e-01   1.927e-01    -1.520    0.1285
treatment2    8.717e-16   2.000e-01     0.000    1.0000
treatment3    4.557e-16   2.000e-01     0.000    1.0000
---
Signif. codes:  0 '***' 0.001 '**' 0.01 '*' 0.05 '.' 0.1 ' ' 1

(Dispersion parameter for poisson family taken to be 1)
```

```
    Null deviance: 10.5814  on 8  degrees of freedom
Residual deviance:  5.1291  on 4  degrees of freedom
AIC: 56.761

Number of Fisher Scoring iterations: 4
```

ポアソン回帰モデルを推定した結果、outcome変数の"2"カテゴリに有意な効果があった一方で、treatment変数には効果なしという結論になりました。

一方、生存分析は以下のようにcoxph関数を用いて実行できます[*6]。

```
> install.packages("survival")
> require("survival")
> data(kidney)
# 腎臓透析患者の腎盂腎炎再発までの時間経過を記録したサンプルデータセット
> head(kidney)
```

```
  id time status age sex disease frail
1  1    8      1  28   1   Other   2.3
2  1   16      1  28   1   Other   2.3
3  2   23      1  48   2      GN   1.9
4  2   13      0  48   2      GN   1.9
5  3   22      1  32   1   Other   1.2
6  3   28      1  32   1   Other   1.2
```

```
> kidney.cox<-coxph(Surv(time,status)~sex+disease,data=kidney)
# 性別とかかっている病気の種類を説明変数としてCox比例ハザードモデルを推定
  する。Surv関数はcoxph関数に渡すformula式を作るための前処理を行う
> summary(kidney.cox)
```

[*6] 詳細は『Rによるデータサイエンス』(金明哲、森北出版)第11章などをご参照ください。

```
Call:
coxph(formula = Surv(time, status) ~ sex + disease, data = kidney)

  n= 76, number of events= 58

             coef  exp(coef)  se(coef)       z  Pr(>|z|)
sex       -1.4774     0.2282    0.3569  -4.140  3.48e-05 ***
diseaseGN  0.1392     1.1494    0.3635   0.383    0.7017
diseaseAN  0.4132     1.5116    0.3360   1.230    0.2188
diseasePKD -1.3671    0.2549    0.5889  -2.321    0.0203 *
---
Signif. codes:  0 '***' 0.001 '**' 0.01 '*' 0.05 '.' 0.1 ' ' 1

           exp(coef) exp(-coef) lower .95  upper .95
sex           0.2282     4.3815   0.11339     0.4594
diseaseGN     1.1494     0.8700   0.56368     2.3437
diseaseAN     1.5116     0.6616   0.78245     2.9202
diseasePKD    0.2549     3.9238   0.08035     0.8084

Concordance= 0.696  (se = 0.045 )
Rsquare= 0.206   (max possible= 0.993 )
Likelihood ratio test = 17.56  on 4 df,   p=0.001501
Wald test             = 19.77  on 4 df,   p=0.0005533
Score (logrank) test  = 19.97  on 4 df,   p=0.0005069
```

```
> kidney.fit<-survfit(kidney.cox)
> plot(kidney.fit)
```

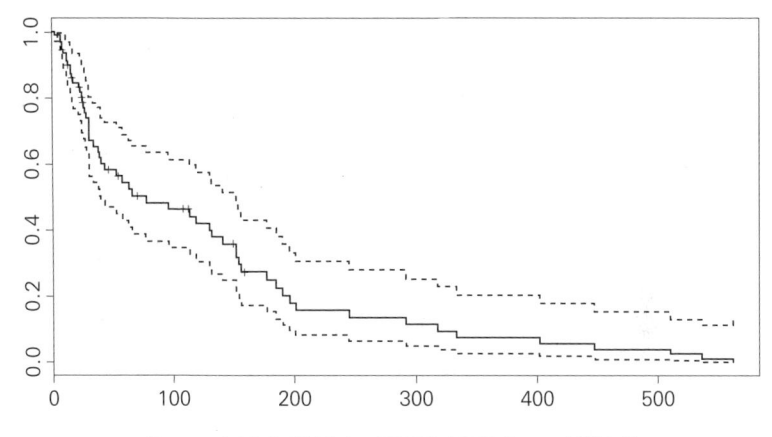

図 10-1 ● 腎臓透析患者の腎盂腎炎再発までの時間経過

　大体どれぐらいで腎盂腎炎が再発するかのタイムスケールがプロットとして得られました。これらに限らず一般化線形モデルとそのファミリーには幅広い派生形がありますので、皆さん自身でいろいろ調べて身に付けてみてください。

10-3 主成分分析、因子分析とその発展形

　世の中の多変量データの多くは、変数が増えれば増えるほど複雑になるものです。そのようなごちゃごちゃしたデータに対して、ある程度どういう方向性にデータを分けられるか絞り込みたい！というときに使えるのが主成分分析（Principal Component Analysis：以下、PCA）手法と因子分析です。この2つは良く似ているといわれますが、大まかにいえば

- モデルなしで、多くの変数を少ない変数に集約するのが主成分分析
- モデルありで、多くの変数を共通因子にまとめるのが因子分析

第10章 —Rでさらに広がるデータマイニングの世界 〜その他の分析メソッドについて〜

といった違いがあります。前者は主に変数を集約したり削除したりする[*7]手法として知られ、後者はクラスタリングと同じ発想で「まとめたい」ときに用いられることの多い手法です。

ここでは、第5章と第6章で用いたデータ（p.93およびp.115参照）を用いて試してみましょう。"ch5_3.txt"、"ch6_4_2.txt"をインポートしてそれぞれd5、d6、という名前で読み込んでおきます。

```
> d5s<-scale(d5)
> d6s<-scale(d6[,-7])  # cvカラムを削除する
> d5s.pc<-princomp(d5s)
> d6s.pc<-princomp(d6s)
# princomp関数（デフォルトで同梱）でPCAを実行できる
> biplot(d5s.pc)
> biplot(d6s.pc)
# biplot関数で2次元平面上に各主成分をプロットする
```

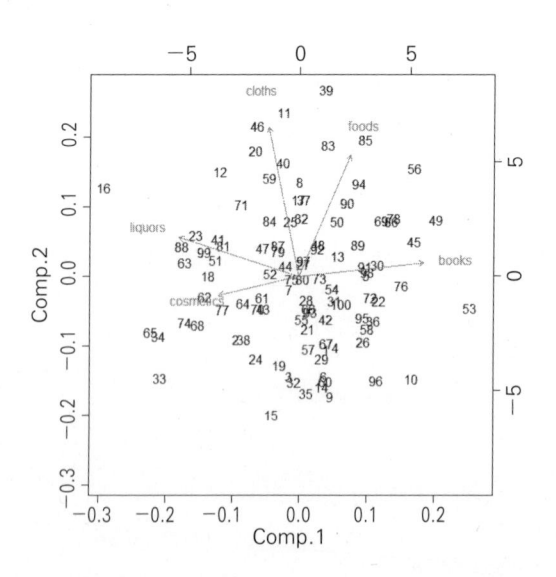

図 10-2 ● 5章のデータに対して PCA を実行した結果

[*7] いわゆる「次元圧縮（削減）」です。

10-3 主成分分析、因子分析とその発展形

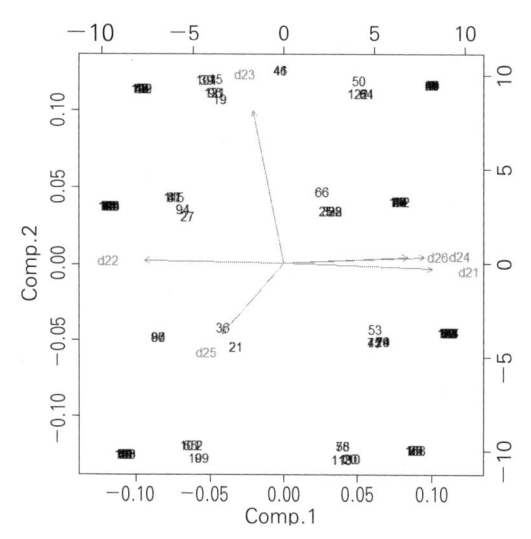

図 10-3 ● 6 章のデータに対して PCA を実行した結果

　図10-2が第5章のデータ、図10-3が第6章のデータです。第5章のデータはきれいに独立に分かれて見える一方で、第6章のデータはd21、d24、d26がほぼ固まって見えますね。

　一方、第5章のデータd5に対して因子分析を行った結果は以下の通りです。

```
> d5s.fc<-factanal(d5s,factors=2,scores="regression")
# factanal関数（デフォルトで同梱）で因子分析を実行できる
> biplot(d5s.fc$scores,d5s.fc$loadings)
```

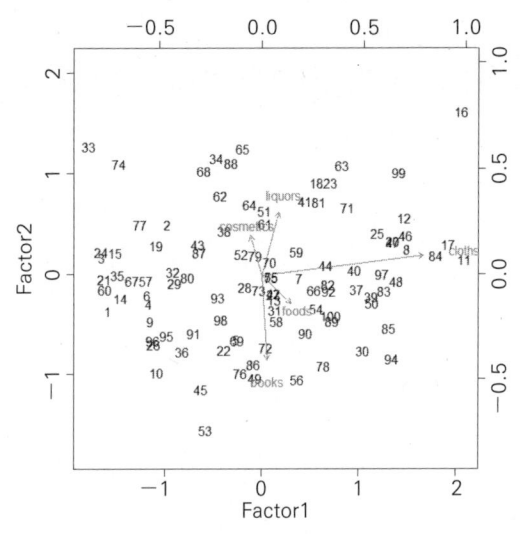

図10-4 ● 5章のデータに対して因子分析を実行した結果

　着目する因子の数を2つに絞ったため、少しPCAの場合と見かけが変わっていますが、やはり同じような傾向が見て取れます。因子分析の場合は因子負荷量という「どの因子に分類されるか」という重み付けに基づいて、クラスタリングと同様の方法でデータを分類することができます。

　同様の分析は、独立成分分析（Independent Component Analysis：ICA）でも行うことができます。Rパッケージとしては例えば{fastICA}が知られていますが、その詳細は本書では割愛します。

　これらの手法がビジネスデータ分析において最も役立つ局面は、いわゆる多重共線性の問題が発生したときです。一般に、どのような形の回帰モデルにせよ説明変数同士で強い相関があると、分析結果が大きく歪んでしまいます。

　多重共線性を緩和するためには説明変数を集約化することが不可欠ですが、どのように集約化するかを決める上でPCAを初めとしたメソッドによる傾向把握が非常に役立ちます。

10-4 機械学習のその他の手法と発展形

　Rには決定木やSVM、ランダムフォレストの他にさまざまな機械学習のパッケージが揃っています。その中でもニューラルネットワーク[*8]は代表的なものといえるでしょう。これは第8章の冒頭で最も単純な機械学習の例として紹介した単純パーセプトロンを、3段階（層）に増やした上で学習を効率化させる仕組み[*9]を加えたものです。ニューラルネットワークによる機械学習は、{nnet}パッケージを用いて行うことができます。

　なお、{nnet}パッケージの主たる関数であるnnet関数の学習パラメータは、別に{caret}パッケージのtrain関数を用いることでチューニングできます。図10-5は、{nnet}パッケージのnnet関数と{caret}パッケージのtrain関数を用いて、図8-6のデータ（p.146参照）に対してニューラルネットワークによる分類を行い、決定境界を描いてみた結果です。

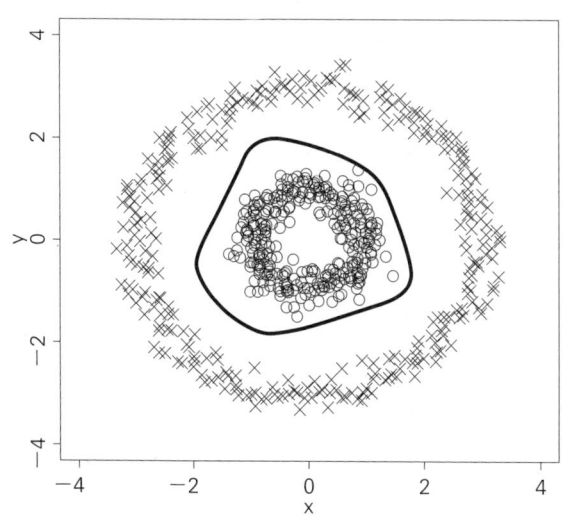

図 10-5 ● ニューラルネットワークによる決定境界

図8-8、8-10、8-11（p.147、p.151参照）と見比べてみるとSVM、ランダムフォレスト、決定木との違いがなんとなく見て取れるでしょう。

　一般にニューラルネットワークはさまざまなパラメータをチューニングすることでいかようにも分類性能を変えることができる一方で、容易にオーバーフィッティングを起こすことから「職人芸」的な機械学習メソッドとされてきましたが、その評価を覆したのがDeep Learning[*10]です。

　これは、Hintonらが2006年に提案したもので、ニューラルネットワークを多層（7〜8層もしくはそれ以上）に積み重ね、その各層ごとに入出力を最適化するように内部で機械学習した上で[*11]、なおかつ各層ごとで入出力経路をランダムに淘汰選択することで[*12]、オーバーフィッティングを抑えつつ同時に多層化によって強化された学習により、分類精度を大幅に引き上げることに成功しています[*13]。まさに21世紀の機械学習の革命児といって良いでしょう。

　Deep Learningの簡単なR実装として{darch}パッケージがありますが、その詳細は本書では割愛します[*14]。実装を試してみたい方にはむ

[*8] ここでは「誤差逆伝播学習則に基づく多層パーセプトロン」のことを指します。

[*9] 第8章でも簡単に触れましたが、これは「誤差逆伝播学習則」（error back propagation）と呼ばれ、学習誤差に基づいて3層ある真ん中の中間層（隠れ層）の学習パラメータを最適化していく方法論です。これにより、単純パーセプトロンとは異なり線形分離不可能パターンの学習も可能になっています。

[*10] 「深層学習」という日本語訳を当てる書籍もあります。

[*11] "Autoencoder"と呼ばれるプロセスで、次元圧縮などの手法を用いてできる限り各層の出力をコンパクトにして抽象化させる働きがあります。

[*12] "Dropout"と呼ばれるプロセスで、学習素子をランダムに削減することで過学習を抑制して各層間での相関を抑え（これはランダムフォレストの発想に似ている）、汎化性能を高める働きがあります。

[*13] 最近になって、それらの実装がなぜ高精度かつ汎化性能の高いDeep Learningに発展し得るかを機械学習の数理的基礎に基づいて解明しようとする研究も発表されています（B.P.Pierre, P.J.Sadowski. Understanding Dropout, in Advances in Neural Information Processing Systems 26.NIPS,2013.）。

[*14] 2014年4月現在、{darch}パッケージの保守運用体制に不確定要素が見られるため。

しろ関連パッケージが充実しているPythonでパッケージを利用しながらフルスクラッチでコードを書いて実装するのをおすすめします[*15]。

ニューラルネットワークの他にも、判別分析（{MASS}パッケージのlda／qda関数）やconditional inference tree／forest（条件付き推論に基づく樹木モデルおよびそのランダムフォレスト：{party}パッケージのctree／cforest関数）、さらにはboosting／baggingに関連するメソッドなど多くの機械学習メソッドがRで実装されています。

それらの機械学習メソッドの多くはCRAN Task Views "Machine Learning & Statistical Learning"（http://cran.r-project.org/web/views/）で紹介されていますので、興味のある方はぜひいろいろ調べてみてください。

10-5 グラフ理論・ネットワーク分析

世の中のデータには、互いの関係性が複雑に絡み合ったものが少なからずあります。それらはグラフ（graph）として表現することが可能であり、グラフ表現可能なデータに対しては一般にネットワーク分析を行うこともできます。近年では個々のユーザーがインターネット広告をどの順番でクリックしていって自社サイト上の重要アクションにたどりついたかを分析して広告の改善に結びつける「アトリビューション分析」という枠組みにおいて用いられることもあるようです。

ここでは{igraph}、{linkcomm}パッケージについてその動作例を同梱のサンプルデータなどを交えて簡単に紹介しておきましょう。

[*15] TheanoやPylearn2といった実装パッケージが知られています。

```
> require("igraph")
#  結果は省略
> g <- erdos.renyi.game(20,3/20,directed=T)
# ランダムなグラフを生成する
# 20個のノード（個々のデータ）、15％の確率でエッジ（データ間の関係性）によっ
  てノード同士が結ばれるようにし、directed引数をTrueとすることでエッジに
  方向性のある「有向グラフ」としている
> plot(g)
# plot.igraphメソッドでグラフをプロットする
# ただし、必ずしも次の図10-6のようになるとは限らないので要注意
```

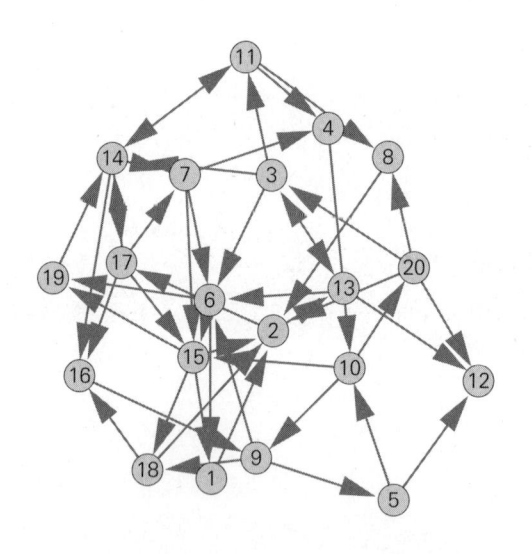

図 10-6 ● ランダムにプロットしたグラフ

　このようなグラフが得られるはずです。{igraph}パッケージでは、このようなグラフからさまざまなネットワーク特徴量を得ることができます。詳細は他の文献などに譲るとして[16]、ここでは特にビジネスデータ分析に有用なものを抜粋して紹介します。

---

[16] 例えば『Rで学ぶデータサイエンス・ネットワーク分析』（鈴木努、共立出版）が非常にわかりやすくおすすめです。

クラスター性：「AとBがつながっているときに共通のつながり先Cがある」という
ケースがネットワーク内にどれくらいあるかを示す値で、ネットワーク全体が「ど
れくらい互いにつながっている度合いが高いか」という複雑性を示す
> transitivity(g,type="localaverage",isolates="zero")

```
[1] 0.2693651
```

媒介中心性：あるノードを経由することが他の2つのノードにとって最短経路にな
るケースの多さを表す指標で、この値が高いほどネットワークのハブになってい
る可能性が高いとみなすことができる
> betweenness(g)

```
 [1]  0.8333333 64.4166667 24.0833333 21.5666667 12.6666667
29.5000000 32.2000000
 [8]  5.3333333 46.9000000 62.2333333 17.5000000  0.0000000
38.4166667 53.4333333
[15] 83.7666667 26.2000000 77.1166667 13.5000000 19.1666667
22.1666667
```

ページランク：Googleの検索エンジンのアルゴリズムでも利用されるもので、
damping = 1.0とすることでアトリビューション分析の重み付けが算出できる[17]
この値もネットワークのハブとなっている可能性の高さを示す
> page.rank(g)$vector

```
 [1] 0.03642014 0.10858965 0.01729773 0.03109683 0.03094628
0.05304669 0.04998853
 [8] 0.03439195 0.07818410 0.03942367 0.02872692 0.03044990
0.02506601 0.07650367
[15] 0.07409484 0.06849405 0.11735235 0.04354241 0.03642014
0.01996416
```

---

[17] 理論的にはマルコフ連鎖の無限級数として解釈できることから、無限時間経過後の収束値として扱えます。

第10章 — Rでさらに広がるデータマイニングの世界 〜その他の分析メソッドについて〜

```
# コミュニティ検出：一定のアルゴリズムのもとで、ノード同士の関係性を定量化し、
  クラスタリングする
> data<-spinglass.community(g)
> data$membership
```

```
[1] 2 2 1 1 3 2 4 1 3 3 1 3 2 4 2 4 4 2 2 1
```

```
> plot(g,vertex.color=data$membership,vertex.label.color='white')
```

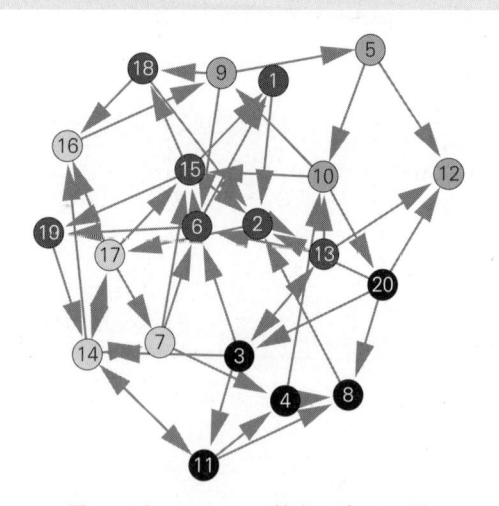

図 10-7 ● コミュニティ検出のプロット例

　{igraph}パッケージにおけるコミュニティ検出では、基本的にはハードクラスタリングと同じで「ひとつのノードはひとつのコミュニティにしか分類できない」ことになっています。しかし、実際には複数のコミュニティに属するノードが存在するケースの方が多いと考えられます（例えば企業における「主務」の他に別業務を「兼務」で担当している社員など）。

　そのような場合に適切にモデリングするためのメソッドを実装したパッケージが{linkcomm}です。

```
> install.packages("linkcomm")
> require("linkcomm")
#   結果は省略
> karate.g<-getLinkCommunities(karate,directed=T)
#   結果は省略
#   karateは{linkcomm}パッケージに同梱されているサンプルデータで、1970年
  代のとある米国の大学にあった空手クラブの人間関係をネットワーク図の形で記
  録したデータ
#   getLinkCommunities関数は2010年にNature誌に発表された手法を用いてノー
  ドをまとめてコミュニティに分類していく手法を実装したもの。コミュニティの重
  複を認めている点が{igraph}との大きな違い
> karate.ocg<-getOCG.clusters(karate)
#   結果は省略
#   getOCG.culsters関数は2012年にBioinformatics誌に発表された手法を用い
  て重複を許してノードをコミュニティに分類していく手法を実装している
> plot(karate.g,type="graph")
> plot(karate.ocg,type="graph",vertex.radius=0.06)
```

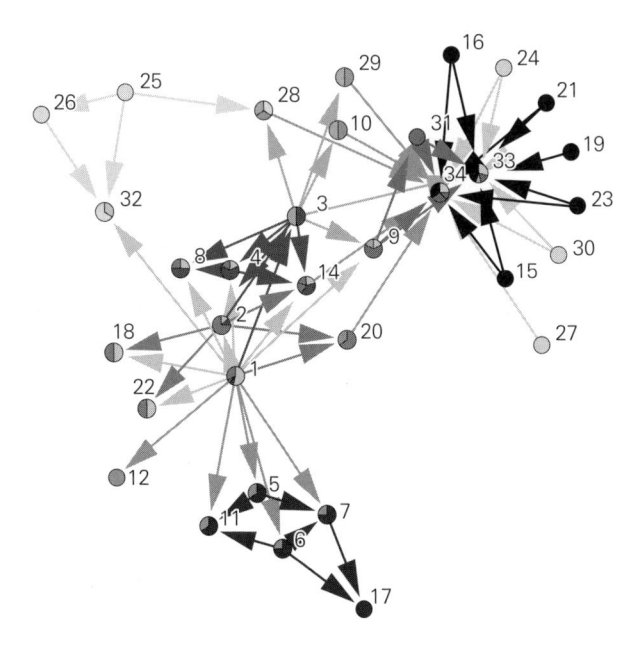

図 10-8a ● getLinkCommunities 関数で行った分類結果

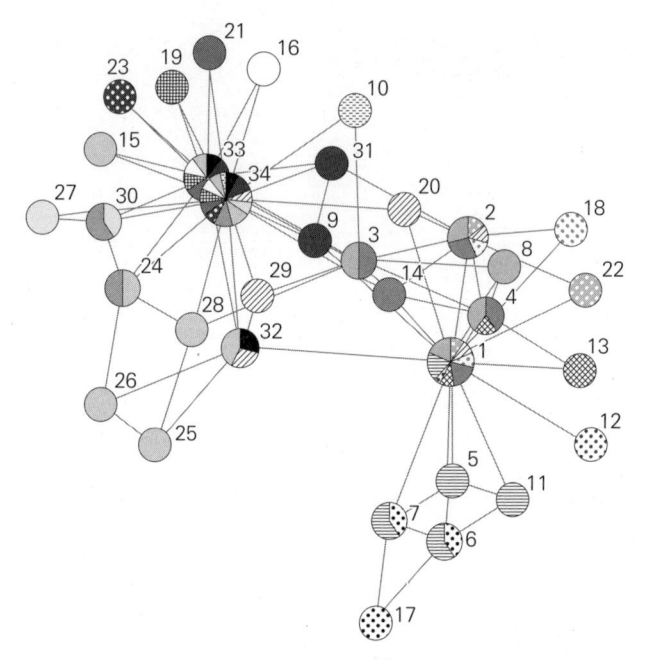

図 10-8b ● getOCG.culsters 関数で行った分類結果

　1ノードの人物を中心としたコミュニティと、33＆34ノードの人物を中心としたコミュニティとに空手クラブが大きく分かれていることが見て取れると同時に、その中でも小さな下位コミュニティが存在すること、2つの大きなコミュニティの間を仲介する役割の人物が存在することがわかります。
　グラフ理論とネットワーク分析については、最近では人間関係に着目した人事戦略といったまさに「つながり」のあるデータを用いた分析にも適用されるケースが増えてきているようです。今後も幅広いテーマへの応用が期待されるメソッドといってよいでしょう。

10-6 計量時系列分析

　時系列データは、その統計学的な性質の特異性から通常のアプローチでは扱いづらく、その主たるメソッドである「計量時系列分析」は計量経済学分野において独自の進歩を遂げてきています[18]。これは金融データや市場データに適用されるケースが多く、金融工学の一環として研究開発されることが多かったためともいえます。

　Rにはその計量時系列分析を行う各種パッケージが豊富に揃っており、ここではそのごく一部の例を取り上げておきます。まず、単変量のケースを見ていきましょう。ここではARIMA（Auto-Regressive, Integrated and Moving-Averaged：自己回帰和分移動平均）[19]モデルの例を紹介します。

```
> data(UKgas)
# 1960年第1四半期から1986年第4四半期までの英国におけるガス消費量
# 事前にts関数を用いて「4データ点ごと」（frequency＝4）なる「季節成分」（周
  期のこと）が設定されている
> install.packages("forecast")
> require("forecast")
# {forecast}パッケージは計量時系列分析にまつわるさまざまな関数を同梱して
  いて、主にARIMAモデルに代表される単変量時系列データを扱う
> UKgas.arima<-auto.arima(UKgas,trace=T,stepwise=T,seasonal=T)
# seasonal引数をTrueにすることで季節成分を勘案したパラメータ推定を行う
# 結果は省略
> plot(forecast(UKgas.arima,level=c(50,95),h=12))
# forecast関数で短期予測を行うことができる
# 12期先のデータを、50％／95％信頼区間の広がりも含めてプロットする
```

---

[18] 計量時系列分析はその独特な理論体系ゆえ（自己回帰・移動平均・単位根＆和分・見せかけの回帰・共和分・不均一分散など）、できる限り数理的基礎についても学んでおいた方が無難です。例えば『経済・ファイナンスデータの計量時系列分析』（沖本竜義、朝倉書店）がコンパクトかつ「比較的」読みやすいです（決して平易ではありませんので念のため）。

[19] 簡単にいえば、「過去の値が現在の値に影響を与える（回帰する）」と仮定して時系列データをモデリングする式を立て、そのパラメータを推定するモデリング方式のことです。

第10章 —Rでさらに広がるデータマイニングの世界 〜その他の分析メソッドについて〜

Forecasts from ARIMA{0,1,1}{0,1,0}{4}

図 10-9 ● 英国におけるガス消費量

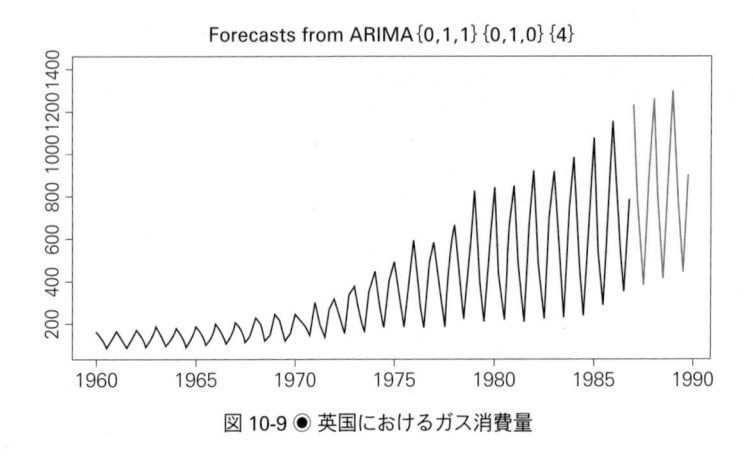

周期性も含めて、英国でのガス消費量の値の未来予測がされているのが見て取れますね。次に、多変量のケースを見ていきましょう。ここではVAR（Vector Auto-Regressive：ベクトル自己回帰）[20]モデルの例を紹介します。

```
> install.packages("vars")
> require("vars")
# 多変量時系列データを分析するための代表的なパッケージ
> data(Canada)
# OECDによるカナダの1980年第1四半期から2000年第4四半期までの労働生産性、
  雇用者数、失業率、実質賃金を記録したデータ
> VARselect(Canada,lag.max=10,type="trend")
```

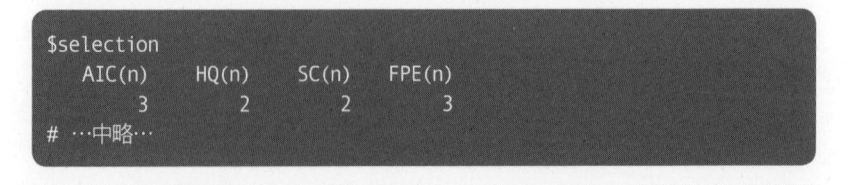

```
$selection
   AIC(n)    HQ(n)    SC(n)   FPE(n)
        3        2        2        3
# …中略…
```

---

[20] ARIMAモデルの一部である自己回帰（AR）モデルを複数並べてベクトル（vector）として扱うところから「ベクトル自己回帰」と呼ばれます。ARIMAモデルを構成する3要素（AR／I／MA）のうちARモデルのみを複数並べる理由としては、それだけで十分にデータを説明できるだけのパラメータの個数が揃うためです。実際にはVARIMAモデルとして3要素全てをベクトル化することもありますが、適用例は稀です。

```
# VARselect関数で最適なモデル次数（ラグ）を定める。ここでは3
> Canada.var<-VAR(Canada,p=3,type="trend")
# VAR関数でVARモデルを推定する。p引数に最適モデル次数3を与える
> Canada.var.prd<-predict(Canada.var,n.ahead=12,ci=0.95)
# predict関数にVARモデルを与えると短期予測することができる
# ここでは12期先までの予測値を、95%信頼区間のもとで算出
> plot(Canada.var.prd)
```

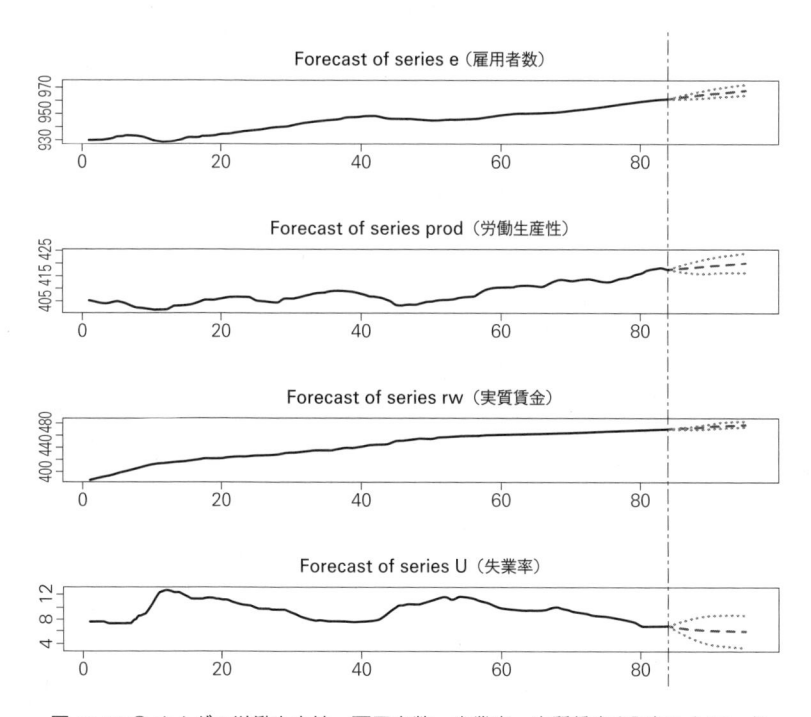

図 10-10 ● カナダの労働生産性、雇用者数、失業率、実質賃金を記録したデータ

　互いに影響し合う4つの時系列をモデリングし、短期予測できていることが見て取れます。失業率は今後も順調に減少していく、という結果であることがわかりますね。

　最後に、複雑に変動する単変量時系列の「状態」（regime：レジーム）

を推定する「マルコフ転換モデル」（Markov switching model）について紹介します。これは与えられた時系列が複数の自己回帰モデルのミックスから成っていると仮定したときに、どのタイミングでそれらが入れ替わったかをEMアルゴリズムを用いて推定するメソッドです。

```
> install.packages("MSwM")
> require("MSwM")
# 結果は省略
> data(WWWusage)
# Rに同梱されているサンプルデータセットのひとつであるWWWサーバーにおける
  同時接続ユーザー数を100タイムポイントの間記録したもの
> y<-as.numeric(WWWusage)
# 数値型にサンプルデータを直す
> t1<-seq(from=0,to=0.5*pi,length.out=100)
> t2<-seq(from=0,to=pi,length.out=100)
> x1<-sin(t1)
> x2<-sin(t2)
# 便宜的にマルコフ転換モデルに与える説明変数を、三角関数のsinカーブで作る
> model1<-lm(y~x1+x2)
# この線形モデルは次のステップで必要
> msmModel1<-msmFit(model1,k=2,sw=rep(T,4))
# {MSwM}パッケージのmsmFit関数は、具体的にレジーム転換のタイミングをEMア
  ルゴリズムを用いて推定する。データそのものではなく直前に推定した線形モデ
  ルを与え、想定されるレジーム数と、推定すべきパラメータ数を引数として指定
  する必要がある
> plotProb(msmModel1,2)
> plotProb(msmModel1,3)
# plotProb関数でレジーム転換の推定結果がプロットされる
```

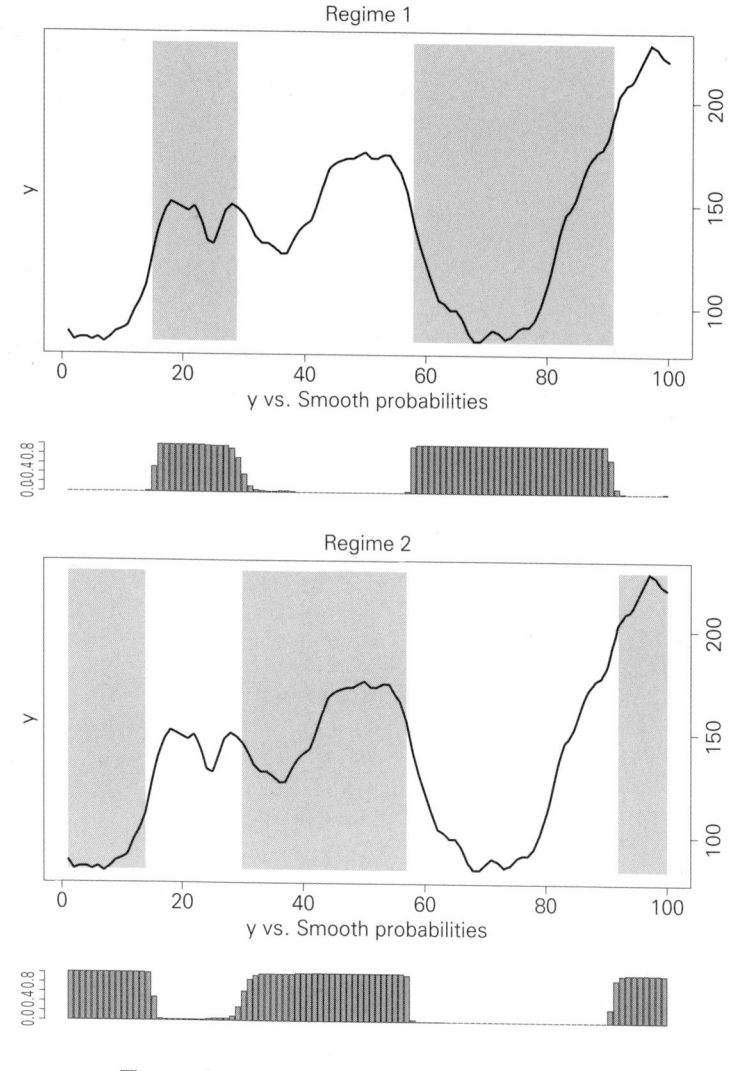

図 10-11 ● WWW サーバーにおける同時接続ユーザー数

　ユーザー数が増加傾向になるタイミングと、減少傾向になるタイミングとが見た目にもそれらしく推定されているのがわかります。

計量時系列分析は、オフライン分野などの個々のユーザーごとのデータが取れず全体の集計値や要約値しか得られないようなケースで威力を発揮する分析メソッドです。今後O2Oのようにオフラインでの市場への影響が重視されるようなビジネス領域が拡大する中にあっては、有用なメソッドになりそうです。

10-7　ベイジアンモデリング

第6章で一般化線形モデルを紹介した際に、「最尤法」について簡単に触れたのを覚えているでしょうか？　「最尤法」でパラメータ推定をする際には解析的に解けないことから数値解析的手法を用いることが多いわけですが、実際に統計モデリングを行う際には数値解析ではとても解けないような極めて複雑なモデルからパラメータ推定を行わなければいけないことも多々あります。

典型的な例として、「個体差（個人差）」が大きいデータが挙げられます。この場合、全体に共通してみられる傾向（偏回帰係数）以外にもデータに影響する要因が大きく、通常の一般化線形モデルではモデルの精度が上がらないことがままあります。

そのような場合に、ベイズ統計学の考え方とモンテカルロ法による数値シミュレーションとを合わせることで、（ある意味）無理やり推定すべきパラメータを「分布」として得るという方法が多く用いられます。この方法論をマルコフ連鎖モンテカルロ法[21]と呼び、それによって統

---

[21] Markov Chain Monte Carlo（MCMC）法と呼ばれます。なお、数値シミュレーションに用いるアルゴリズム次第では「マルコフ連鎖とは限らない」ことがあり、この場合は単純にモンテカルロ（MC）法とのみ呼ばれます。この節で紹介するStanはマルコフ連鎖に基づかず大局最適を求めに行くハミルトン・モンテカルロ（Hamilton Monte Carlo：HMC）サンプリングと折り返しなしサンプリング（No U-Turn Sampling：NUTS）に拠っており、このためStanについては(H)MCサンプラーと呼ばれるようです。

計モデリングする枠組みを総称してベイジアンモデリングと呼びます。

そして、その枠組みに基づいて「個体差」のような複雑な情報を組み込んで統計モデリングする枠組みを「階層ベイズモデル」と呼びます。例えば、何かの実験データにおける極端な個体差や時間変動であったり、生態学などであれば地理的要因による地域・海域ごとの差であったり、といった非常に複雑なばらつきを含む統計モデリングを行う場合には、ベイジアンモデリングによる階層ベイズモデルを用いた方がより確実に求める解に近付きやすいともいえるでしょう。

考え方としては単純で、ベイジアンモデリングとは以下のような式に基づくものであると理解することができます。

$$事後分布 \propto 尤度 \times 事前分布$$ [*22]

ここで「事前分布」は我々の側が（ある意味）勝手に与えられる「事前知識」もしくは「初期値」とみなせます。「尤度」は、与えられたデータに対してモデルに基づいて計算機シミュレーションを行うことで得られるパラメータ。そして、その2つを掛け合わせたものに比例するのが「事後分布」すなわち求めたかったパラメータの「分布」である、というわけです。

Rでは専用パッケージ群を用いてベイジアンモデリングを行うこともできますが、汎用性という意味ではR外部のソフトウェアと連携させる方が使い勝手が良いでしょう。中でもWinBUGS、JAGS、そしてStanが広く用いられています。ここでは最近になって急速に普及しているStanとその連携パッケージである{rstan}の実行例を簡単に紹介しておきます[*23]。

なお、この実行例は『データ解析のための統計モデリング入門』（久

[*22] $\propto$は「比例する」の記号です。

[*23] Stan + {rstan}のインストール方法については筆者ブログ記事を参考にしてください。http://tjo.hatenablog.com/entry/2014/01/27/235048

保拓弥、岩波書店）の第7章のサンプルデータおよび第10章のBUGSコード例に基づいたものです。まず、テキストエディタなどで以下の内容のファイル"ch10_hbayes.stan"を作成しておきます[*24]。

```
// ch10_hbayes.stanの中身
data {
        int<lower=0> N;  // サンプルサイズ
        int<lower=0> y[N];  // 種子8個当たりの生存数（目的変数）
}
parameters {
        real beta;  // 全個体共通のロジスティック偏回帰係数
        real r[N];  // 個体差
        real<lower=0> s;  // 個体差のばらつき
}
transformed parameters {
        real q[N];
        for (i in 1:N)
                q[i] <- inv_logit(beta+r[i]);
// 生存確率を個体差でロジット変換
}
model {
        for (i in 1:N)
                y[i] ~ binomial(8,q[i]);
// 二項分布で生存確率をモデリング
        beta~normal(0,1.0+2);
// ロジスティック偏回帰係数の無情報事前分布
        for (i in 1:N)
                r[i]~normal(0,s);  // 個体差の階層事前分布
        s~uniform(0,1.0e+4);  // r[i]を表現するための無情報事前分布
}
```

その後、R上で次のように実行します。

[*24] 『データ解析のための統計モデリング入門』（久保拓弥、岩波書店）第10章の階層ベイズ推定WinBUGSコードをITO Hirokiさんのブログ記事（http://ito-hi.blog.so-net.ne.jp/2012-09-03）を参考にしてStanコードに書き換えたものです。

```
> require("rstan")
# 結果省略
> hbayes <- read.csv( url( "http://hosho.ees.hokudai.ac.jp/~kubo/
stat/iwanamibook/fig/hbm/data7a.csv" ) )
# 『データ解析のための統計モデリング入門』(久保拓弥、岩波書店)の第7章で
  用いられているデータを久保先生のサイトからダウンロード
> head(hbayes)
```

```
  id y
1  1 0
2  2 2
3  3 7
4  4 8
5  5 1
6  6 7
# 100個の個体から8個の種子を採取して、その生存数を記録したのが y
# id は個体の識別番号
```

```
> N<-nrow(hbayes)
> y<-hbayes$y
> dat<-list(N=N,y=y)
# stan関数に渡すデータをリスト形式で作成する
>  hbayes.fit<-stan(file='ch10_hbayes.stan',data=dat,iter=1000,chai
ns=4)
# stan関数にStanコードファイル、リスト形式のデータ、
# 繰り返し回数、独立試行(chains)の個数を与える
```

```
# …中略…
SAMPLING FOR MODEL 'ch10_hbayes' NOW (CHAIN 4).
Iteration: 1000 / 1000 [100%]  (Sampling)
Elapsed Time: 18.891 seconds (Warm-up)
                4.63 seconds (Sampling)
               23.521 seconds (Total)
# 4個の独立試行に対してそれぞれ1000回の繰り返し計算が行われる
# MCサンプリングが安定する前(Warm-up)と安定した後(Sampling)の値がそれ
  ぞれ記録され、Samplingの値のみが事後分布推定に使われる
```

第10章 — Rでさらに広がるデータマイニングの世界 〜その他の分析メソッドについて〜

```
> print(hbayes.fit)
```

```
Inference for Stan model: ch10_hbayes.
4 chains, each with iter=1000; warmup=500; thin=1;
post-warmup draws per chain=500, total post-warmup draws=2000.

          mean  se_mean   sd    2.5%   25%    50%    75%    97.5%
beta      0.0   0.0      0.3   -0.6   -0.2    0.0    0.3     0.7
n_eff Rhat
151     1
r[1]     -4.0   0.1      1.9   -8.4   -5.2   -3.8   -2.6    -1.1
783     1
r[2]     -1.2   0.0      0.9   -3.1   -1.8   -1.2   -0.6     0.5
747     1
# …中略…
s         3.1   0.0      0.4    2.4    2.9    3.1    3.4     4.0
250     1
q[1]      0.1   0.0      0.1    0.0    0.0    0.0    0.1     0.2
2000    1
q[2]      0.3   0.0      0.1    0.0    0.2    0.2    0.4     0.6
2000    1
# …中略…
lp__   -445.3   0.6      9.6 -465.0 -451.8 -445.0 -438.7  -427.3
266     1
# 個体差（100個）と個体ごとの生存確率（100個）が事後分布の形で算出され
  ている
# そのため全てのデータに平均・標準誤差の平均・標準偏差・各パーセンタイル
  点が表示される仕様になっている
# なお lp__ は Stan コードには表記されていないが、これが尤度

Samples were drawn using NUTS(diag_e) at Fri Jul 18 00:08:55 2014.
For each parameter, n_eff is a crude measure of effective sample
size,
and Rhat is the potential scale reduction factor on split chains (at
convergence, Rhat=1).
```

```
> require("coda")
# 結果は省略
> hbayes.fit.coda<-mcmc.list(lapply(1:ncol(hbayes.fit),function(x) mcmc(as.array(hbayes.fit)[,x,])))
> plot(hbayes.fit.coda)
# {coda}パッケージのMCMCサンプル抽出機能を用いて、得られたパラメータの事
  後分布を確率密度分布の形でプロットする
```

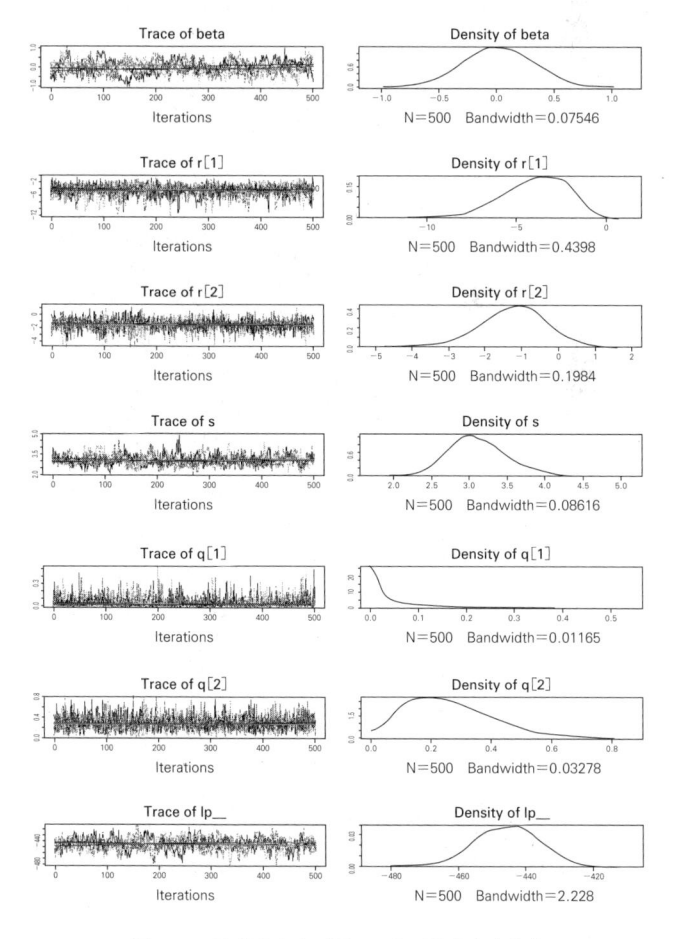

図 10-12 ● 得られたパラメータの確率密度分布

図10-12に示したように、個々のパラメータの推定量と尤度が事後「分布」（平たくいえば「山」）の形で得られます。その最頻値＝ピークを与える値がベストの推定量ということになるわけです。このようにして統計モデルのパラメータ推定量を得ようとするのがベイジアンモデリングです。

ベイジアンモデリングにはこの他にも混合ディリクレ過程、潜在ディリクレ割り当て（Latent Dirichlet Allocation：LDA）によるトピック・モデルや空間統計学といった多彩な応用メソッドが存在します。ベイジアンは取り扱うモデルが複雑で高度になればなるほど威力を発揮するものなので、必要に応じてその都度学んでいくことをぜひおすすめします。

10-8 その他の新旧メソッドたち

その他、データ分析に用いられるメソッドおよび枠組みを挙げていくとキリがありませんが、最近よく名前の挙がるものについてメソッドの概要と対応するCRANパッケージを紹介していきます。

まず、データ分析業界で時系列モデルと線形モデルを統合するための枠組みとしてよく用いられるのが状態空間モデルです[25]。常時入ってくるデータに合わせてモデルを更新できるため、計量時系列分析よりもフレキシブルな運用が可能なメソッドといえます。Rでは{dlm}パッケージで実践できます。

隠れマルコフモデルは、いわゆる系列データ（天気データのように「晴

---

[25]「観測方程式」と「状態方程式」の組み合わせを、線形代数を用いて構築し、パラメータ推定していくのが特徴です。「状態」の値を同時に推定するため、欠損値（NA）があっても大丈夫という利点もあります。主に制御工学の分野で多用されてきた手法ですが、その有用性から近年ではマーケティング分析にも用いられることが増えてきています。

れ」「曇り」「曇り」「雨」……と「状態の並び」が続くデータ）を分析・予測するためのメソッドで、Rでは{depmixS4}パッケージを用いて行われることが多いです。

　マーケティングの世界でよく用いられる分析メソッドのひとつとして、共分散構造分析および構造方程式モデリング（Structural Equation Modeling : SEM）が挙げられます。これは回帰分析の考え方をさらに拡張し、変数間の因果関係をダイアグラムとして表現し、全体の「構造」を分析することを目的とするものです。その理論的基礎を含む詳細は参考文献に譲りますが[26]、Rでは{sem}、{lavaan}の各パッケージを用いて実行できます。

　また、本書ではメインのトピックスとしては取り上げませんでしたが、自然言語処理、テキストマイニングも重要なデータ分析テーマのひとつです。日本語を対象としたものについては代表的ライブラリMeCab[27]のR実装である{RMeCab}パッケージ[28]があり、R上でも高度なテキストマイニングが可能です。こちらも詳細は参考文献をお読みください[29]。

　この章でも駆け足で多くのメソッドを紹介してきましたが、広大なデータマイニングの世界においては本書の内容全てを合わせてもまだまだ微々たる範囲に過ぎません。本書を読み通して初めて、大海原の波打

---

[26] 例えば『共分散構造分析 入門編—構造方程式モデリング』（豊田秀樹、朝倉書店）などが参考になります。

[27] 京都大学情報学研究科・日本電信電話株式会社コミュニケーション科学基礎研究所共同研究ユニットプロジェクトを通じて開発されたオープンソース形態素解析エンジンで、現Googleの工藤拓氏によって開発されたものです。ライブラリ本体は以下のサイトから入手できます。　http://mecab.googlecode.com/svn/trunk/mecab/doc/index.html

[28] 石田基広氏によって開発されたRパッケージで、以下のサイトから入手できます。http://rmecab.jp/wiki/index.php?RMeCab

[29]『Rによるテキストマイニング入門』（石田基広、森北出版）が{RMeCab}パッケージ開発者本人の手による解説書で、参考になります。

ち際にようやく足を踏み入れたに過ぎないといっても過言ではないでしょう。

　これからも、データマイニングは現実のデータと社会からの要請に応じて進歩し続けます。本書の内容も、数年もすれば陳腐化してしまうことでしょう。その意味で、皆さんにとって本書が「常に進歩し続けるデータマイニングの世界に追いつくための手掛かり」となることを祈っております。

参考文献

[1]『統計学入門』東京大学教養学部統計学教室編、東京大学出版会、1991年
[2]『自然科学の統計学』東京大学教養学部統計学教室編、東京大学出版会、1992
[3]『はじめてのパターン認識』平井有三、森北出版、2012年
[4]『サポートベクターマシン入門』ネロクリスティアニーニ他、共立出版、2005年
[5]『Rによるデータサイエンス』金明哲、森北出版、2007年
[6]『ビッグデータの使い方・活かし方』朝野煕彦、東京図書、2014年
[7]『Rで学ぶデータサイエンス8 ネットワーク分析』鈴木努、共立出版、2009年
[8]『経済・ファイナンスデータの計量時系列分析』沖本竜義、朝倉書店、2010年
[9]『データ解析のための統計モデリング入門』久保拓弥、岩波書店、2012年
[10]『共分散構造分析 入門編―構造方程式モデリング』豊田秀樹、朝倉書店、1998年
[11]『Rによるテキストマイニング入門』石田基広、森北出版、2008年
[12] W. J. Frawley, G. Piatetsky-Shapiro, C. J. Matheus. Knowledge Discovery in Databases: An Overview. AI Magazine, 1992.
[13] D. Hand, H. Mannila, P. Smyth. Principles of Data Mining. MIT Press, 2001.
[14] H. Scheffe. The Analysis of Variance. Wiley, 1959.
[15] R. Agrawal, T. Imieliński, A. Swami. Mining association rules between sets of items in large databases. Proceedings of the 1993 ACM SIGMOD international conference on Management of data-SIGMOD'93. p.207, 1993.
[16] T. M. J. Fruchterman, E. M. Reingold, Graph drawing by force-directed placement. Softw: Pract. Exper., 21:1129-1164. doi:10.1002/spe.4380211102, 1991.
[17] B. P. Pierre, P. J. Sadowski. Understanding Dropout, in Advances in Neural Information Processing Systems 26. NIPS, 2013.

関数・パッケージ一覧

A
- aggregate ... 99
- anova ... 186
- aov ... 186
- apriori ... 172
- arules ... 168,172,180
- arulesViz ... 180
- as.data.frame ... 41
- as.factor ... 41
- as.list ... 41
- as.matrix ... 41
- as.numeric ... 41
- as.vector ... 41

B
- betweenness ... 201
- biplot ... 194
- boxplot ... 58

C
- c ... 34
- caret ... 197
- cbind ... 43
- chisq.test ... 61,62,63,65
- coda ... 215
- cor ... 82
- coxph ... 189,191
- cutree ... 95

D
- darch ... 198
- data.frame ... 36
- dataset ... 186
- depmixS4 ... 217
- dissimilarity ... 179
- dist ... 94
- dlm ... 216

E
- e1071 ... 49,154

F
- factanal ... 195
- fastICA ... 196
- fisher.test ... 61,63,64
- forecast ... 205

G
- getLinkCommunities ... 203
- getOCG.clusters ... 203
- glm ... 49,111,113,116,189

H
- hc ... 98
- hclass ... 98
- hclust ... 94
- help ... 48

I
- igraph ... 180,199,200
- importance ... 159
- inspect ... 175
- install.packages ... 97
- itemFrequencyPlot ... 171

K
- kmeans ... 96

L
- lavaan ... 217
- library ... 45
- linkcomm ... 199,202
- lm ... 49,78,82

M
- MASS ... 49
- matrix ... 36
- mclust ... 97
- msmFit ... 208
- MSwM ... 208
- mvpart ... 49,124,125,134

N
- nnet ... 197

O
- order ... 100

▶▶ P

page.rank	201
parameter	174
plot	127
plotcp	129
predict	157
princomp	194
print	155

▶▶ Q

qda	49

▶▶ R

randomForest	49,156,158
rbind	43
read.table	40
read.transactions	170
require	45
RMeCab	217
round	100
rpart	49,124,125,130,132,100
rstan	211

▶▶ S

sem	217

spinglass.community	202
stan	213
stats	77,111
subset	177
summary	48
survival	189
svm	49,154

▶▶ T

t.test	56,59,69
table	160
text	127
train	197
transitivity	201
tune.svm	155
tuneRF	158

▶▶ V

VAR	207
VARselect	207

▶▶ W

wilcox.test	68
with	99

索　引

▶▶ A

ACM	11
ANOVA	186
Apriori	164
ARIMA	205

▶▶ C

Confidence	164,165
Cox比例ハザードモデル	189
CV	130,140

▶▶ D

Deep Learning	198

▶▶ E

EMアルゴリズム	92,143
Environment	35,39,78

▶▶ F

factor型	38
formula式	48
for文	47

▶▶ G

GLM	104,189

▶▶ I

ICA	196
if文	46

▶▶ J

JAGS	211

▶▶ K

KDD	11

k-meansクラスタリング 91

▶▶L
LDA 143,216
LIBSVM 154
Lift 164,165

▶▶M
Mann-Whitney検定 68

▶▶N
numeric型 38

▶▶O
OOB error 157

▶▶P
Packages 44,45
Passive-Aggressive法 140
PCA 193
POS 10,164
p値 57

▶▶S
Stan 211
Support 164,165
SVM 140,143

▶▶T
t検定 56

▶▶V
VAR 206

▶▶W
Ward法 104
while文 47
Wilcoxon検定 68
WinBUGS 211

▶▶あ
アトリビューション分析 199
アンサンブル学習 149
一般化線形モデル 104,189
因子分析 193

▶▶か
オーバーフィッティング 129,140

カーネルトリック 144
回帰 72
回帰木 134,141
階層的クラスタリング 91
階層ベイズモデル 211
カイ二乗検定 61
ガウシアンカーネル 146
過学習 129,140
隠れマルコフモデル 143,216
仮説検定 52,54
カテゴリ型 14,38
機械学習 12
帰無仮説 54
教師あり学習 87,115,121,125,138,140
教師なし学習 87,143
クラスタリング 88
計量時系列分析 205
決定木 120,141
交差検証法 130,140
構造方程式モデリング 217
混合効果モデル 189
混合ディリクレ過程 92,143,216
混合分布クラスタリング 91
混合分布モデル 143

▶▶さ
最小二乗法 85
最頻値 15
最尤法 108,210
サポートベクターマシン 140,143
識別モデル 140
支持度 164,165
実験計画法 188
四分位点 18
重回帰分析 72,75,106
主成分分析 193
樹木モデル 141
順位和検定 67
状態空間モデル 216
信頼度 164,165
数値型 13,38
生成モデル 141

説明変数 75
潜在ディリクレ割り当て 143,216
剪定 129
相関分析 83

▶▶た
対立仮説 54
多変量解析 48
単回帰 72
単純パーセプトロン 140
中央値 15
超平面 142
データフレーム 36
データマイニング 10
テキストマイニング 217
デンドログラム 91,94
統計学 12
統計学的検定 56
独立性の検定 61
独立成分分析 196
ドメイン特化型言語 46

▶▶な
ナイーブベイズ分類器 141
ニューラルネットワーク 140,197
ノンパラメトリック検定 67

▶▶は
箱ひげ図 18,58,60
外れ値 19,69
パラメトリック検定 56
汎化能力 131,148
判別分析 199
非階層的クラスタリング 91
ヒストグラム 15
標準偏差 20
フィッシャーの正確確率検定 61
分散 20
分散分析 186
平均値 15
ベイジアンモデリング 141,143,211,216
ベクトル 34
ベクトル自己回帰 206
変数重要度 150
ポアソン回帰モデル 117,189

▶▶ま
マージン最大化 144
マトリクス 35
マルコフ転換モデル 208
マルコフ連鎖モンテカルロ法 210
メディアン 15
モード 15
目的変数 75

▶▶や
有意確率 52,55
有意差 56

▶▶ら
ランダムフォレスト 120,149
リフト 164,165
レコメンデーションシステム 184
ロジスティック回帰 104
ロジットリンク関数 107

● 著者紹介

尾崎 隆(おざき　たかし)

株式会社リクルートコミュニケーションズ ICT ソリューション局
アドテクノロジーサービス開発部：データサイエンティスト、博士（科学）

東京大学工学部計数工学科を卒業後、東京大学大学院新領域創成科学研究科複雑理工学専攻にて博士課程修了。その後、理化学研究所脳科学総合研究センター、東京大学教養学部、慶應義塾大学総合医科学研究センターで認知神経科学（脳科学）の研究に従事したのち、2012年6月に株式会社サイバーエージェントに移る。2013年7月より現職。

個人ブログ『銀座で働くデータサイエンティストのブログ』でデータ分析に関する情報発信を行っている。
http://tjo.hatenablog.com/

装丁	：	株式会社dig
本文デザイン・DTP	：	田中望（HopeCompany）
本文図版	：	株式会社明昌堂
編集担当	：	周藤瞳美

本書に関するご質問は、記載内容についてのもののみとさせていただきます。本書の内容以外のご質問には一切応じられませんので、あらかじめご了承ください。なお、お電話でのご質問は受け付けておりませんので、書面またはFAX、弊社Webサイトのお問い合わせフォームをご利用ください。

ご質問の際に記載頂いた個人情報は回答以外の目的に使用することはありません。使用後は速やかに個人情報を廃棄します。

【お問い合わせ先】　〒162-0846　東京都新宿区市谷左内町21-13
株式会社技術評論社　書籍編集部
『ビジネスに活かすデータマイニング』係
FAX：03-3513-6183
Web：http://gihyo.jp/book/

手を動かしながら学ぶ
ビジネスに活かす
データマイニング

2014年 9月 20日 初版 第1刷発行

著　者　尾崎 隆(おざきたかし)
発行者　片岡 巌
発行所　株式会社技術評論社
　　　　東京都新宿区市谷左内町21-13
　　　　電話 03-3513-6150 販売促進部
　　　　　　 03-3513-6166 書籍編集部
印刷・製本　日経印刷株式会社

定価はカバーに表示してあります。

本書の一部、または全部を著作権法の定める範囲を超え、無断で複写、複製、転載、テープ化、ファイルに落とすことを禁じます。

©2014 尾崎 隆

造本には細心の注意を払っておりますが、万一、乱丁（ページの乱れ）や落丁（ページの抜け）がございましたら、小社販売促進部までお送りください。送料小社負担でお取り替えいたします。

ISBN978-4-7741-6674-2　C3055

Printed in Japan